U0216905

棕榈油的谎言与真相

[法] 艾玛纽埃尔·格伦德曼 / 著
张黎 / 译

图书在版编目（CIP）数据
棕榈油的谎言与真相 / (法) 艾玛纽埃尔 · 格伦德曼著；张黎译. -- 北京：中国文联出版社, 2017.12
（绿色发展通识丛书）
ISBN 978-7-5190-3312-5
Ⅰ. ①棕… Ⅱ. ①艾… ②张… Ⅲ. ①棕榈油－研究
Ⅳ. ①TS225.1
中国版本图书馆CIP数据核字(2017)第294756号

著作权合同登记号：图字01-2017-5455

棕榈油的谎言与真相
ZONGLUYOU DE HUANGYAN YU ZHENXIANG

作　　者：[法] 艾玛纽埃尔 · 格伦德曼
译　　者：张　黎

出 版 人：朱　庆　　终 审 人：朱　庆
责任编辑：冯　巍　　复 审 人：闫　翔
责任译校：黄黎娜　　责任校对：任佳怡
封面设计：谭　锴　　责任印制：陈　晨

出版发行：中国文联出版社
地　　址：北京市朝阳区农展馆南里10号，100125
电　　话：010-85923076（咨询）85923000（编务）85923020（邮购）
传　　真：010-85923000（总编室），010-85923020（发行部）
网　　址：http://www.clapnet.cn　　http://www.claplus.cn
E-mail：clap@clapnet.cn　　fengwei@clapnet.cn

印　　刷：中煤（北京）印务有限公司
装　　订：中煤（北京）印务有限公司
法律顾问：北京天驰君泰律师事务所徐波律师
本书如有破损、缺页、装订错误，请与本社联系调换

开　　本：720 × 1010　　1/16
字　　数：114千字　　印　张：12.5
版　　次：2017年12月第1版　　印　次：2017年12月第1次印刷
书　　号：ISBN 978-7-5190-3312-5
定　　价：48.00 元

“绿色发展通识丛书”总序一

洛朗·法比尤斯

1862年，维克多·雨果写道：“如果自然是天意，那么社会则是人为。”这不仅仅是一句简单的箴言，更是一声有力的号召，警醒所有政治家和公民，面对地球家园和子孙后代，他们能享有的权利，以及必须履行的义务。自然提供物质财富，社会则提供社会、道德和经济财富。前者应由后者来捍卫。

我有幸担任巴黎气候大会（COP21）的主席。大会于2015年12月落幕，并达成了一项协定，而中国的批准使这项协议变得更加有力。我们应为此祝贺，并心怀希望，因为地球的未来很大程度上受到中国的影响。对环境的关心跨越了各个学科，关乎生活的各个领域，并超越了差异。这是一种价值观，更是一种意识，需要将之唤醒、进行培养并加以维系。

四十年来（或者说第一次石油危机以来），法国出现、形成并发展了自己的环境思想。今天，公民的生态意识越来越强。众多环境组织和优秀作品推动了改变的进程，并促使创新的公共政策得到落实。法国愿成为环保之路的先行者。

2016年“中法环境月”之际，法国驻华大使馆采取了一系列措施，推动环境类书籍的出版。使馆为年轻译者组织环境主题翻译培训之后，又制作了一本书目手册，收录了法国思想界最具代表性的40本书籍，以供译成中文。

中国立即做出了响应。得益于中国文联出版社的积极参与，“绿色发展通识丛书”将在中国出版。丛书汇集了40本非虚构类作品，代表了法国对生态和环境的分析和思考。

让我们翻译、阅读并倾听这些记者、科学家、学者、政治家、哲学家和相关专家：因为他们有话要说。正因如此，我要感谢中国文联出版社，使他们的声音得以在中国传播。

中法两国受到同样信念的鼓舞，将为我们的未来尽一切努力。我衷心呼吁，继续深化这一合作，保卫我们共同的家园。

如果你心怀他人，那么这一信念将不可撼动。地球是一份馈赠和宝藏，她从不理应属于我们，她需要我们去珍惜、去与远友近邻分享、去向子孙后代传承。

2017年7月5日

（作者为法国著名政治家，现任法国宪法委员会主席、原巴黎气候变化大会主席，曾任法国政府总理、法国国民议会议长、法国社会党第一书记、法国经济财政和工业部部长、法国外交部部长）

“绿色发展通识丛书”总序二

铁凝

这套由中国文联出版社策划的“绿色发展通识丛书”，从法国数十家出版机构引进版权并翻译成中文出版，内容包括记者、科学家、学者、政治家、哲学家和各领域的专家关于生态环境的独到思考。丛书内涵丰富亦有规模，是文联出版人践行社会责任，倡导绿色发展，推介国际环境治理先进经验，提升国人环保意识的一次有益实践。首批出版的40种图书得到了法国驻华大使馆、中国文学艺术基金会和社会各界的支持。诸位译者在共同理念的感召下辛勤工作，使中译本得以顺利面世。

中华民族“天人合一”的传统理念、人与自然和谐相处的当代追求，是我们尊重自然、顺应自然、保护自然的思想基础。在今天，“绿色发展”已经成为中国国家战略的“五大发展理念”之一。中国国家主席习近平关于“绿水青山就是金山银山”等一系列论述，关于人与自然构成“生命共同体”的思想，深刻阐释了建设生态文明是关系人民福祉、关系民族未来、造福子孙后代的大计。“绿色发展通识丛书”既表达了作者们对生态环境的分析和思考，也呼应了“绿水青山就是金山银山”的绿色发展理念。我相信，这一系列图书的出版对呼唤全民生态文明意识，推动绿色发展方式和生活方式具有十分积极的意义。

20世纪美国自然文学作家亨利·贝斯顿曾说："支撑人类生活的那些诸如尊严、美丽及诗意的古老价值就是出自大自然的灵感。它们产生于自然世界的神秘与美丽。"长期以来，为了让天更蓝、山更绿、水更清、环境更优美，为了自然和人类这互为依存的生命共同体更加健康、更加富有尊严，中国一大批文艺家发挥社会公众人物的影响力、感召力，积极投身生态文明公益事业，以自身行动引领公众善待大自然和珍爱环境的生活方式。藉此"绿色发展通识丛书"出版之际，期待我们的作家、艺术家进一步积极投身多种形式的生态文明公益活动，自觉推动全社会形成绿色发展方式和生活方式，推动"绿色发展"理念成为"地球村"的共同实践，为保护我们共同的家园做出贡献。

中华文化源远流长，世界文明同理连枝，文明因交流而多彩，文明因互鉴而丰富。在"绿色发展通识丛书"出版之际，更希望文联出版人进一步参与中法文化交流和国际文化交流与传播，扩展出版人的视野，围绕破解包括气候变化在内的人类共同难题，把中华文化中具有当代价值和世界意义的思想资源发掘出来，传播出去，为构建人类文明共同体、推进人类文明的发展进步做出应有的贡献。

珍重地球家园，机智而有效地扼制环境危机的脚步，是人类社会的共同事业。如果地球家园真正的美来自一种持续感，一种深层的生态感，一个自然有序的世界，一种整体共生的优雅，就让我们以此共勉。

2017年8月24日

（作者为中国文学艺术界联合会主席、中国作家协会主席）

目录

序言

想象一下，那是一片茂密葱郁的森林，潮湿的树叶鲜翠欲滴。在这片半明半暗的大教堂般的圣地上，你在一片不绝于耳的吮吸声中前行，海绵般松软的地面吞没了你的脚步声，你能轻松地从厚厚的落叶中拔出脚来，数不清的藤类、蕨类、鸟窝和其他缠绕且布满林下灌木丛的姜科植物却又让您步履蹒跚。灌木丛里成群的水蛭仿佛在几公里开外的地方就闻到了您身上热血的味道，齐齐地朝着您的腿爬去。这些富含泥炭的森林，虽然不适宜像我们人类这样的两足动物居住，却是很多其他物种的乐土，其中就有我们人类的远亲——人猿。这种红棕色的巨型动物在森林里建立自己的王国，在这个无与伦比的食品储藏室里大肆享用野果、树叶和白蚁。我们现在置身于苏门答腊（Sumatra）的一片沼泽森林中。这里有令人难以置信的富饶资源，所以不久前还生活着世界上数量最多的红毛猩猩。在这片巨大的森林里，藤本植物和绒毛草交错而生，提供了丰富的营养，因此3000只猩猩穿梭于此，它们之间维持着社交关系，这使得那些认为这种灵长类动物是孤独者的说法成为无稽之谈。

如今这片被联合国环境规划署、联合国教科文组织列为大型猿类优先保护区的森林，却正遭受着大火、装载机和推土机的大肆毁坏。罪魁祸首就是棕榈油。2012 年 3 月，特里巴（Tripa）沼泽森林中心地带发现了 92 处火源，这些被艰难地控制住的森林大火位于棕榈油特许经营地区，经营者的经营许可证是非法获得的。根据 REDD+ 机制[①]，政府暂停原始森林和沼泽森林开发，规定不得颁发任何关于在森林里进行油棕种植的许可证。但是，从第一版高生态价值森林（包括特里巴沼泽）统计地图来看，很多公司为了改变路线进行了谈判，使它们的租借地不被划入禁令区。比如，克里斯塔·阿拉姆公司（PT Kallista Alam），当时的亚齐省（Aceh）省长伊尔万迪·尤素夫（Irwandi Yusuf）在第一份禁止开发地区名单公布后三个月就为该公司颁发了一个位于特里巴沼泽森林里的 1605 公顷棕榈树种植许可证。尤素夫本人是兽医，也是英国非政府组织——野生动植物国际（Fauna & Flora international）亚齐分支的创始成员，被人称为“绿色省长”。就任省长之初，他曾宣称保护亚齐省美丽的热带丛林是其执政重点之一，也是他的一大难题。他加入了 REDD+ 机制，并于 2007 年 5 月宣布暂停对亚齐省的森林开发。但是，2011

① REDD+机制是指在发展中国家通过减少砍伐森林和减缓森林退化而降低温室气体排放。该机制旨在提高森林的经济价值，使保护森林获得的收益要高于毁坏森林所得的收益。实施全国性森林保护战略的国家，将会获得资金援助。

年，当他为克里斯塔·阿拉姆公司在特里巴森林的棕榈油开采签发特许证时，他的执政重点就发生了变化。此举是对当地人民的真实背叛，因为在这个被冲突和森林开发带来的短期利益所破坏的地区，人们对“绿色”观念深信不疑。

在这片属于勒赛尔生态系统内的沼泽森林区进行开发的，还有另外五家棕榈油公司。除了猩猩之外，这个地区还有老虎、苏门答腊犀牛、大象和其他地方特有的物种以及受到威胁的物种。2008 年，政府将该地区确立为环境保护战略区。但是，这五家公司却明目张胆地在禁令区内经营，甚至在开采许可证颁发之前就开始在某些租地内毁坏森林。

尽管林业部的总秘书长保证特里巴的沼泽森林将会受到保护，但一些非政府组织[①]的调查显示，棕榈油公司与亚齐省警局、亚齐许可局、亚齐林业局或亚齐森林及种植管理局、印度尼西亚清洁生产环境影响管理局、亚齐环境影响研究和管理局存在合作关系，这使得这个唯一一个还幸存着不超过 200 只大猩猩的地区岌岌可危。20 世纪 90 年代，那里生活着 3000 只猩

① 2012 年热带雨林行动网（Rain Forest Action Network）的调查：《真相与后果：棕榈油种植将仅存的红猩猩种群推向灭绝的边缘》（*Truth and Consequences, Palm Oil Plantations Push Unique Orangutan Population to the Brink of Extinction*），参见 http://endoftheicons fils.wordpress.com/2012/06/final-draft-pressreleasejune-28-2012.pdf。

猩。虽然有一些大猩猩在最后时刻被非政府组织——苏门答腊猩猩社团（Sumatran Orangutan Society）救了下来，但苏门答腊猩猩保护项目（Sumatra Orangutan Conservation Programme）的主管伊恩·辛格尔顿（Ian Singleton）还是非常悲观。他在接受《卫报》采访时说："这种具有象征性意义的生物并不是在几年间消失的，而是几个月甚至几个星期内就消失了。我们现在正在目睹一场世界性的惨剧。"根据克里斯塔·阿拉姆公司负责开垦的工人所言，他们接到的命令是无须在特里巴森林里进行开垦，因为这项工作将会由森林大火来负责。这些火[①]都是人为的，是对印度尼西亚法律的公然践踏。特里巴森林附近的当地群体代表向雅加达国家警察局指出，克里斯塔·阿拉姆公司的许可证不合法。如果破坏森林的行为得以停止的话，这些居住在保护区周边的社群可以享受REDD+机制给予的补偿金。尽管亚齐省警察局得到通知并收到必须进行犯罪调查的指示，但却没有在当地采取任何行动，这不禁让人联想到当地的官员是否收受了棕榈油经营者的贿赂。最后，还是在科学团体和数千人的努力下，一项针对克里斯塔·阿拉姆公司的司法行动才得

① 在下面的这份地图（2012年6月）上可以看到这些起火点，参见http://endoftheicons.files.wordpress.com/2012/06/tripa_fireplotting_20120626.jpg。

以展开。2012年10月，印度尼西亚法院命令新当选的亚齐省长萨尼·阿卜杜拉收回非法颁发给克里斯塔·阿拉姆公司的许可证，并且将对非法森林纵火进行调查。但是，目前对于另外五家同样违反印度尼西亚法律和特里巴沼泽森林开发禁令的公司却没有提起任何诉讼。非政府组织认为，最重要的是负责实施REDD+的挪威政府应当有勇气坚持在当地设立独立的监督委员会，对别有用心地修改禁令图的行为进行监管，确保发放给政府的避免森林破坏的财政补偿得到落实。此外，延期颁发新的许可证这一制度不应该有时间限制。

这种为了种植油棕而破坏环境的惨痛例子本可以只是个案——虽然后果严重，但只是小部分唯利是图、不择手段的企业的行为——然而，这种事在马来西亚、印度尼西亚接二连三地发生，近几年来还蔓延到非洲中部和拉丁美洲。那里的热带丛林被破坏，取而代之的是遍地油棕。

我与油棕的缘分可以追溯到1998年，那时我第一次踏上印度尼西亚的土地。我本应该是6个月前抵达印度尼西亚，但加里曼丹岛（Kalimantan，在印度尼西亚的婆罗洲上）猛烈的森林大火使我的计划略有改变。我当时还不知道这场大火的主要原因会困扰我至今。当我到达现场时，我发现广阔森林化为了焦黑枯枝的墓地，其中的真凶并非当地政府宣称的厄尔尼诺现象，而是油棕。

在当地进行大猩猩研究工作的那几个月里，我与油棕的交集渐渐增多。它无处不在，在我工作的森林边缘，排列着它那单调的绿色；在我经年累月所经之处、所走之路的边缘都是赭色的油棕果。同时，巴厘巴板红毛猩猩协会（Balikpapan Orangutan Society）改名为婆罗洲红毛猩猩生存基金会（Bornean Orangutan Survival），开始收留越来越多的猩猩。它们获救时瘦骨嶙峋，正惊恐不安地在油棕树林中流浪。有时候是油棕林的负责人通知协会将这些大猩猩带走，它们无家可归，涌向油棕果实，因为那是方圆几公里内唯一能找到的食物。之后，迷失在这个无法辨认的世界中的灵长类动物数量激增，一些红毛猩猩救助机构，如巴厘巴板市附近的瓦纳里赛特（Warariset）中心、尼亚鲁蔓藤（Nyaru Menteng）中心救助了数百只失去父母的小猩猩和身负重伤的成年红毛猩猩，它们已经“人满为患”。几年间，这些救助中心收留的受伤的或者是残疾的红毛猩猩越来越多。虽然这样的惨剧越来越常见，但于我而言，有些回忆至今还是无法承受。正是这些情景和红毛猩猩将我推到了油棕面前，而在1998年之前，我几乎从未注意过它们。这种吞没东南亚森林的油棕，它究竟是谁？它为什么会成为热带森林的新敌人？它是如何成为热带雨林的敌人的？是因为它会带来健康吗？过度摄入棕榈油会有什么影响？疑问接踵而至，随着在赤道森林带、欧洲以及其他棕榈油和棕榈仁油进口国和消费国的报道和调查的展开，油棕的面目以及它与人类的关系渐渐浮出水面。

20世纪50年代，烟草及其在香烟中的同伙——尼古丁被送上了被告席。大量的科学研究才使得关于烟草的法律被修改、公共场所吸烟受到限制、烟草公司的广告被减少乃至最终被取消。那么，棕榈油（以及它的各种组成部分和与之相关的棕榈仁油）会成为21世纪初的烟草吗?

1

被告出庭

移民回忆录

油棕在整个热带随处可见，从它的学名 Elaeis guineensis 中可以看出它的起源。在西非国家几内亚[1]，油棕遍布于森林和村庄周围，油棕果深受当地动物的喜爱，尤其是黑猩猩。对于处理复杂棘手的油棕果核而言，这种大型猿类堪称高手。而当地的人民也食用这种果实，这一点在马非（mafé）[2]牛肉等众多菜谱和其他带有橙色油汤的特色菜上都可以得到印证。但是，这种天南星科植物的起源在很长一段时间内备受争议。[3]在埃及阿拜多斯（Abydos）的公元前 5000 年的陵墓里发现了与棕榈油有着惊人相似特征的油脂，这本可以让这件

---

① 几内亚的法语名字是 Guinée。

② mafé 为法语，是一种以花生酱为原料的调味酱。马非牛肉是西非，尤其是塞内加尔的一道名菜。——译者注

③ O. F. 库克（O. F. Cook）:《商业棕榈油的巴西起源》(*A Brazilian Origin for the Commercial Palm Oil*),《科学月报》(*The Scientific Monthly*), 1942 年，第 54 卷，第 577—580 页。

事盖棺定论，但是，研究物种分布的生物学家发现的一些证据，将油棕树的起源指向美洲。确实，不仅巴西的森林遍布野生的油棕，而且大量类似的物种都让人认为本书的主人公油棕可能是在哥伦布发现新大陆之前移民到非洲的。[①]

后来在尼日利亚的中新世沉淀层中，或是刚果公元前24000年前的深地质层中发现的花粉化石，才证明了油棕来源于非洲。随后发现的化石痕迹越来越多，尤其是公元前2850年左右的化石，这可能不仅与气候有关（那时气候发生了深刻变化，变得炎热，特别是潮湿），也与人口增长有关。人类已经开始将油棕果使用在食物中，并且开始在自己长途跋涉所经之处播种油棕。在乌干达发掘的棕榈种子化石和森林中挖出的果壳，让人想到油棕果的大量使用与该地区的人口激增的关系。另一种森林衰退的理论将油棕扩张的原因归结于公元前2800年至公元前2500年接连的干旱，这个解释了油棕树在空地、森林长廊、河边飞速增长的假设，如今得到广泛接受。确实，油棕身负先驱物种的使命，在森林止步之处安身立命（油棕并非森林树种，并且只喜欢生长在没有森林的地方，比如林间空地和森林被砍伐的地区），但是，更可能

① E. J. H. 科纳（E. J. H. Corner）：《油棕自然史》（*The Natural History of Palms*），威登菲尔德 & 尼克尔森出版社（Weidenfeld & Nicolson），1966年。

的是人类发挥了园丁作用，他们在食用棕榈树果实的时候随手将种子散布在周围——为了避免土地资源枯竭，村落在可以进行火烧地种植的地方不断迁徙。这也就解释了油棕在非洲和巴西森林里随意、不均匀地散布的情况，那里的村庄肯定经历了不断的迁徙。灵长类动物和其他爱好油棕果的物种很可能也一起促进了油棕树的传播，但与智人相比，它们的角色很快就被边缘化了。

除了这些在局部地区不太重要的用途，在油棕接连的长途旅行和征服的过程中，非热带地区也对它表现出了极大的兴趣。油棕将迎来它的第一个辉煌时期。

征服世界的果实

15世纪以前，油棕主要在几内亚的富塔贾隆（Fouta-Djalon）山上繁茂地生长着，之后随着人类的迁移朝着科特迪瓦、加纳、塞拉利昂、利比里亚方向传播，随后在整个刚果盆地一直到南部安哥拉的整个地区上定居，之后又向东扩张至基伍湖（Kivu）地区和坦桑尼亚，这一大片广阔水域是干旱气候的过渡区域。有些油棕树越过莫桑比克运河在马达加斯加扎根。虽然天南星科植物不喜欢高海拔（或者干燥性气候），但油棕树却登上了喀麦隆的山峰，在高达1300米的山上扎根。

欧洲人在15世纪前还不知道几内亚油棕。葡萄牙王子“航海者亨利”派往非洲海岸探险的威尼斯航海家阿尔维塞·卡达莫斯托（Alvise Cadamosto）将油棕树带到了西方世界。1456年，在他的第二次非洲旅行途中，在如今塞内加尔海岸和冈比亚河（fleuve Gambie）沿岸，他发现“在这个国家，有一种树，结着很多红色坚果，果实不大，有着黑色果仁”，并且尝起来像食用油，“这种果实有三个特点：堇菜的气味、我们吃的橄榄油的味道和类似藏红花的颜色，它可以把食物染上色，但是比藏红花更诱人”。[①]

半个世纪之后，葡萄牙航海家、军事家、宇宙志学家杜阿尔特·帕切科·佩雷拉（Duarte Pacheco Pereira）也提到他在非洲海岸——极有可能是如今的利比里亚和尼日利亚——航行时遇到的油棕种植，而且发现在福卡多斯（Forcados）地区[②]存在着“棕榈橄榄油”（棕榈油）[③]贸易。

从传统应用到低成本的开始

关于油棕的记载越来越多，在各种记述中，从油棕果中提取出来的油的用途也不断增多。首先是食用用途，在尼日利亚，油棕果在两道传统的汤的做法中占了相当大分量；一道是阿拉巴（alapa），用油棕果的橙色果肉作为主要食材；另外一道是邦加（banga），用榨过的果仁烹制而成。除此之外，

---

① G.R.克罗内：《卡达莫斯托的旅行和其他关于十五世纪下半叶西非的资料》（*The Voyages of Cadamosto and Other Documents on Western Africa in the Second Half of the Fifteenth Century*），哈克路特图书公司（Hakluyt Society），系列二，第80卷，1937年。

② 福卡多斯位于尼日利亚境内，是尼日尔河的支流，也是尼日利亚重要的石油输出港之一。——译者注

③ 此处原为葡萄牙语“azeite de palma”。——译者注

棕榈油还被用于制作具有舒缓作用的药膏；人们燃烧棕榈油来照明；它的果壳可以被当作燃料用于取暖或者做饭；油棕叶可以被用来盖屋顶，制成栅栏、床垫、扫帚；油棕叶的纤维可以被搓成绳子或者编成篮子和渔网；从雄花序里渗出的油棕树液可以被制成清凉解渴的饮料，发酵后就成为棕榈酒、棕榈醋或者更加浓烈的酒，每个地区对此的称谓不一样。1589年，英国海军上尉詹姆斯·沃尔什（James Welsh）在贝宁的一家商铺停留时发现了一种以棕榈油作为主要原材料并散发出堇菜香味的香皂。返航时，他随船带着32桶棕榈油回到英国，但是，这种产品当时并没有引起广泛追捧，真正的棕榈油贸易得以建立是在几个世纪后。直到1763年，我们才第一次看到油棕树的插画，是由荷兰植物学家尼古劳斯·约瑟夫·冯·雅坎（Nikolaus Joseph von Jacquin）绘制的，他1755年动身去安的列斯群岛和南美洲大陆部分地区进行了考察。

棕榈油并未成功地吸引欧洲的消费者。有记录显示，1790年，英国进口的棕榈油不到130吨，这么小的量没有留下任何关于棕榈油用途的文字记录。由于英国人对棕榈油不感兴趣，因此英语里没有词语来指代它，这种状况一直持续到1804年。但是，从16世纪开始，棕榈油已经在其最初的分布地区之外被使用。1562年，利润丰厚的黑三角贸易开始兴起。在整个奴隶贸易期间，在穿越大西洋的漫长过程里，奴隶们吃的都是油棕这种成本较低的食物。所以，从16世纪

 开始，油棕果实作为“低成本”食物的命运就已经被确定了。

奴隶贸易和棕榈油

真正将油棕推向欧洲舞台继而推向国际舞台的，是英国以及周边国家废除奴隶制和奴隶贸易的逐渐结束。1807 年之后，在英国，由于被法律禁止，奴隶贸易成为冒险的行为，因此贸易对象开始转向象牙、珍贵木材，后来转向棕榈油。1830 年后，棕榈油贸易受到英国政府的鼓励。[①] 随着三角贸易和拿破仑战争的结束，英国军舰于是可以用来装载贸易商品。但是，一开始只是一些初步试验。英国商人害怕当地的疾病，不敢下船，因此货物由当地的首领和港口的中间商控制，质量参差不齐。在那个时代，采摘的油棕果来自森林边缘和一些半原始的“小树林”里，优先供当地人使用（尤其是果肉），只有多余的果实才被出口；尤其是油棕果核，当时是由非洲的妇女们用手一个一个地掰开的。

后来，英国在尼日尔河沿岸的保护地——当时被称作“油河保护国”——任命了一位领事之后，欧洲人开始在非洲大陆建立商栈。从 1850 年开始，棕榈油贸易开始在贝宁河、邦

---

① N. H. 斯蒂亚尔德（N. H. Stilliard）：《与西非棕榈油贸易的合法化》（*The Rise of Legitimate Trade in Palm Oil with West Africa*），伯明翰大学博士学位论文，1938 年。

尼河、卡拉巴尔河之间的地区发展起来，这就是该地区被称为“油河”（huileux）的原因。根据1860年英国W. H.费舍尔公司（W. H. Fisher & Co）代表的记述，“欧洲靠着这个非洲贸易大发横财”[①]。英国驻比亚法拉湾（Biafra，又称邦尼湾）领事查尔斯·利文斯顿（Charles Livingstone）写道：“英国贸易公司雄伟的商船、雄厚的资金、重要的经验使得他们能够垄断（19世纪初的棕榈油贸易）并获得丰厚的利润”[②]。但是，研究19世纪棕榈油贸易的著名历史学家约翰·莱瑟姆（John Latham）认为这些巨额利润仍然是谜。尽管棕榈油贸易有利可图，但它也存在诸多风险，斯蒂亚尔德在1938年进行的关于这个主题的首次学术研究[③]中也提到了这一点。用船运输货物的成本仍然非常高，并且还要算上送给当地首领的那些不计其数的礼物——这是得到油棕果的敲门砖。这些支出在那个时代很难算清楚，但有些数据显示进口量在增长：1830年至1860年，进口量从1.2万吨/年增加到3万吨/年，1911

① 转引自M.林恩（M. Lynn）：《十九世纪初棕榈油贸易的收益》（*The Profitability of the Early Nineteenth Century Palm Oil Trade*），《非洲经济史》（*African Economic History*），1992年，第20期，第77—97页。

② 转引自M.林恩：《十九世纪初棕榈油贸易的收益》，《非洲经济史》，1992年，第20期，第77—97页。

③ N. H.斯蒂亚尔德：《与西非棕榈油贸易的合法化》，伯明翰大学博士学位论文，1938年。

年达到 8.7 万吨 / 年。

1830 年至 1911 年油棕产量和出口的增加，主要是由于尼日利亚南部地区的道路交通在那时得到了改善。在那里，小农场主从出售的油棕果中获益，棕榈油贸易变得有利可图。他们付出了十倍的努力来增加收成，因此市场上的原材料数量也增加了十倍。

一个绝妙的主意！

虽然油棕的产量在增加，但欧洲的需求也在飞速增长。人们为棕榈油和棕榈仁油找到了销路。19 世纪中期，棕榈油贸易几乎都集中在英国人手中，其中以曼彻斯特、伯明翰和格拉斯哥的手工工厂为中心。将棕榈油先推向欧洲市场继而推向国际市场的是肥皂工业，其代表性人物是威廉 · 利华（William Lever），他也是第一任利华休姆子爵。

从高卢时代开始，欧洲人就用草木灰和动物油脂或脂肪制造肥皂，但第一次油的皂化，确切地说是橄榄油的皂化，则出现在 9 世纪的马赛地区。15 世纪在法国土伦附近建立了第一批肥皂作坊，但因为需要从植物燃烧的灰烬里提取碳酸钠，皂化过程的成本仍然很高。1791 年，法国外科医生和化学家尼古拉 · 勒布朗（Nicolas Leblanc）指出，可以从盐里面获得碳酸钠。1800 年，另一位化学家米歇尔 - 欧仁 · 谢弗厄尔（Michel-Eugène Chevreul）对这项发现进行了深入研究，并于

1823 年发表了一篇题为《动物源油脂的化学研究》(*Recherches chimiques sur les corps gras d'origine animale*)的论文。在文章中，他详细说明了皂化反应，并且指出脂肪和油是由脂肪酸和甘油结合形成的；在皂化过程中，脂肪酸被释放，与氢氧化钠结合，形成了一种具有肥皂所有特性的物质。

威廉·利华从父亲手中继承了一个家庭小作坊，他利用这些发明和来自英国港口的棕榈油，发明了一种预先切成立方体、用纸包装的肥皂。这种想法是他从美国学来的，就是将香皂装在精美纸盒里，外面印着“阳光牌”等产品的彩色标识。英国当时的肥皂工业正处于飞速发展时期，并且工业革命导致了滚滚浓烟和污染，在这种背景下，他的肥皂贸易迅速大获成功。虽然这种肥皂当时还是奢侈品，但烟囱里冒出的浓烟使得英国越来越脏，因此肥皂成为所有人都会买的必需品。1801 年至 1861 年，肥皂的年消费量从 1.6 千克增加到 3.6 千克，1891 年又翻了一番。

光的出现[①] 和光的消逝

在这种新型肥皂大获成功的同时，照明也随着棕榈油的到来（尤其是米歇尔 - 欧仁·谢弗厄尔的发现）发生了剧变。

---

① 原文为拉丁文，引自《圣经》：“神说，要有光，就有了光。”——译者注

在19世纪之前，尽管进行过煤气照明的试验，蜡烛仍然是主要的照明工具。但是，用于街道和房屋照明的蜡烛是用动物油脂制作而成的，这种油脂组织比较松软，会瘫倒在烛台上，就像一朵枯萎的花，因此必须片刻不离地看着它们。另外一个大的缺陷是由于油脂燃烧，这些蜡烛会产生呛人的黑烟。1825年，谢弗厄尔和路易-约瑟夫·盖-吕萨克（Louis Joseph Gay-Lussac）发现油脂并不是一种“单一”物质，而是由几种脂肪酸（硬脂酸和油酸）组成的。他们在法国申请了利用硬脂制造蜡烛的专利，这种被分离出来的脂肪酸在燃烧时产生的是明亮的火焰。可是，分离硬脂酸的化学工艺使得蜡烛成本不菲。随后，一些竞争对手成功地使用柠檬进行了油脂的皂化，使得硬脂蜡烛[①]生意兴盛起来。第一个用棕榈油制造蜡烛的专利应该归属于一家伦敦企业，普莱斯蜡烛公司（Price's Patent Candles）。这家目前仍然在经营的企业创立于1830年，后来成为英国女王的官方供应商。在这家公司1857年的图章上印着一棵油棕树，树下有一个象征着非洲大陆的非洲人，他正跪着将橄榄油递给布里塔妮娅，她是大不

① W. A. 史密顿（W. A. Smeaton）：《米歇尔-欧仁•谢弗厄尔（1786–1889）：法国学生的前辈》（*Michel-Eugène Chevreul (1786–1889): The Doyen of French Students*），《科学进展评论》（*Endeavour*），1989年，第13卷，第89—92页。

列颠的女性化身。[①]

后来，普莱斯蜡烛公司被一家意大利公司收购，它的档案先是在洪水中被损坏，然后又在公司搬迁过程中被毁，因此无法得知棕榈油一直被用到哪一天，使用的比例也无从知晓。1852 年，威尔逊写道："棕榈油成为硬脂蜡烛生产的主要原材料之一。"[②] 由于肥皂和蜡烛这两大应用，几年间，棕榈油变得利润丰厚，因此成为奴隶贸易结束后的贸易主角。这一点在普莱斯蜡烛公司的海报上得到了体现，上面画着该公司的创始人正拿着蜡烛烧断捆绑奴隶的绳子。虽然这个形象有些虚伪，但恰好表现了历史潮流的改变。

随后，蜡烛照明被公共照明取代，后者使用煤气和经过广泛试验的动物油脂作燃料。约翰 · 托宾以前是个奴隶，后来成为利物浦的棕榈油贸易巨头。作家沃尔特爵士曾效仿，他在家安装了一个棕榈油照明系统。积累的烟灰经常导致以棕榈油为燃料的照明系统失调，因此棕榈油照明不得不让位于煤气，煤气逐渐成为公共路灯唯一的"燃料"。1848 年石

---

① J. 汉德森（J. Henderson）、D. J. 奥斯本（D. J. Osborne）：《我们生活中的棕榈油：它是如何出现的》（*The Oil Palm in Our Lives: How This Came About*），《科学进展评论》（*Endeavour*），2000 年，第 24 卷。

② G. F. 威尔逊 (G. F. Wilson)：《论硬脂蜡烛的制造》（*On the Stearic Candle Manufacture*），《解读艺术社会》（*A Lecture to the Society of Arts*），斯波蒂斯伍德公司（Spottiswoode & Co），1852 年。

蜡的发现，以及之后1878年电灯的发明开启了照明史的新篇章，使得煤气被另作他用。虽然蜡烛成为这个光明时代的被遗弃者，但是它仍在继续自己的道路，即作为补偿照明或者燃料。由于携带方便，在克里米亚战争中，以棕榈油为主要成分的蜡烛被用来取暖或者做饭。

罐头盒中的棕榈油

蜡烛的衰落并不意味着棕榈油从此无人问津。在19世纪60年代前，由于市面上还没有从煤、石油或者沥青片岩中提炼的矿物油，因此棕榈油得以在工业润滑中找到另一片天地：铁路公司使用它为货车的齿轮润滑。但是，对棕榈油需求最大的还是马口铁产业。自从1787年英国皇家艺术协会举办比赛之后，罐装食物的储存工艺便问世了，马口铁因此兴旺起来。从此以后，马口铁和罐头盒取代了传统的玻璃、粗陶和陶瓷器具。棕榈油在马口铁的制造中非常重要。用锡膜覆盖马口铁铁皮，可以防止铁皮生锈。马口铁一旦制作成形，会以极快的速度自然冷却，导致表面形成裂缝。只有迅速将马口铁浸入棕榈油中，才会减缓它冷却的速度，因此也就不会产生裂缝。得益于这项由英国人独创的工艺，德国北部兴起的马口铁生产一直延续到19世纪末，为欧洲大部分地区供应器皿、盒子以及其他盘子。如今，镀锡是由电解来完成，不再需要棕榈油。

拿破仑三世和人造黄油

1854 年，普莱斯蜡烛公司发现了能够通过对棕榈油进行精炼来生产甘油的工艺，并获得了专利保护。提炼出的甘油具有使味道和颜色固定的性能，因此可以供应给药店、照相馆（用来保护和保存胶卷）以及化妆品行业或者香水行业。后来，各种炸药的制造，尤其是硝化甘油被用于巴拿马运河的建设，使得棕榈油的需求激增。棕榈油的这些运用随后被石油及其衍生物取代。20 世纪来临之际，棕榈油在食品行业找到了惊人的突破口，并且一直延续到今天，在社会和环境领域带来了引人注目的后果，这一点我们稍后进行详细探讨。

引导棕榈油行业转变的是一个法国人，夏尔 · 路易 - 拿破仑 · 波拿巴（Charles Louis Napoléon Bonaparte）。他在 1852 年称帝，史称拿破仑三世。法国当时食物昂贵，并且产量不足，黄油在工人阶层中尤为短缺。面对这种情况，拿破仑三世鼓励化学家努力研制出一种价格适中且能够长期存放的替代品。他非常关注伊波利特 · 梅日 - 穆里耶（Hippolyte Mège-Mouriès）的研究，让他住在巴黎郊区万瑟树林的费散德里（Faisanderie）皇家农场潜心工作。这种“合作”果然很有成效，研究成果出来后，1869 年 7 月，梅日 - 穆里耶申请了人造黄油的专利。这种被称为“穆里耶黄油”的“经济型黄油”，开始在巴黎货摊上销售。1871 年至 1874 年间，穆里耶先将此项专利转让给了一家荷兰公司，然后又转给了英国人、美国人和普鲁士人，之后他转而研究其他发明，如肉的储存。人造黄油进入家庭菜谱之后就一直保留下来，并且出口到世界各地。在穆里耶最初的配方里，人造黄油是由加热、压缩后的牛肉脂肪组成，他从牛肉里提取了脂肪体，从中分离出不纯的棕榈酸，将之称为“麦淇淋”。但是，牛肉脂肪比较稀少并且价格昂贵。之后，由于精炼工艺和氢化工艺的发展，植物油脂，尤其是棕榈油，取代了动物油脂。这种人造黄油并不是只有一些盲目的追随者，人们甚至发明了一种“黄油检验仪”，通过对脂肪燃烧的气味进行分析来区分质量上乘的黄油和其他打着各种名号的“麦淇淋”仿制品，如“黄油制品”“诺曼底人造黄油”。[①] 尽管受到各种诽谤，人造黄油还是在不久后就大举进入奶制品店，然后涌入杂货店和超市。人造黄油有时使用劣质动物油脂，这使它遭受了诸多批评，营养学家尤其是广告后来开始鼓吹植物油脂对人体血管的好处，因为在这一点上大家对人造黄油恶评如潮。但是，这种棕榈油对人体组织的实际影响还不是很清楚，或者总是被不实报道干扰，媒体（科学杂志）上的文章对它时而赞扬、时而抨击。

---

① R. 勒泽（R. Lezé）：《牛奶工业》（*Les Industries du lait*），费尔曼-迪多 & 斯印刷公司（Firmin- Didot & Cie），1891 年。

威廉·利华的苦涩太阳

这是20世纪最“励志”的故事之一。一个杂货店主的儿子白手起家，依靠阳光、力士、卫宝等肥皂品牌建立了一个商业帝国，如今已经成为荷兰—英国合资的跨国公司，在全球日用品消费市场上排名第三，仅次于宝洁、雀巢。创始人威廉·利华被英国王室授予爵位，1922年成为第一任利华休姆子爵。他的成功得益于绝佳的创意，以及他在肥皂条里使用了一种具有“领航意义”的材料——棕榈油。

他在英国创立了一个模范小镇——阳光港（Port Sunlight），供肥皂生产厂的女工们居住，那里有艺术长廊、音乐厅、学校、游泳池、教堂和医院，但他的慈善只局限于英国。他在英国受到的颂扬与他在国外受到的谴责一样多，因为为了保障棕榈油的供应，他成为大英帝国对外扩张的最狂热的支持者之一。“原始”的油棕园无法满足欧洲市场需求，从1910年开始，在非洲的尼日利亚、喀麦隆和比属刚果诞生了第一批油棕种植园。由于在英属殖民地无法获得足够的油棕果，面对加纳、塞拉利昂政府和当地人民的反对，威廉·利华不得不转向比属刚果。在那里，他将慈善的念头抛诸脑后，尽情地利用由比利时国王利奥波德二世设立、然后被比利时人延续下来的强制劳动体系（主要为了生产橡胶）。1909年他与比利时殖民大臣朱尔·伦坎（Jules Renkin）进行初步的联系，最后从比利时人手里得到了位于马塔迪附近的卢桑加。在肥皂巨头将成吨重的机器从英国运过来之后，这个地方被改名为利华维尔。在比利时议会漫长的辩论过程中，这个决定甚至得到了社会党议员们的支持。比如，埃米尔·范德维尔德（Émile Vandervelde）看到阳光港里工人们优越的工作条件，就因此坚信威廉·利华的企业在非洲建厂不会罔顾非洲人的利益。

贪婪的肥皂企业

1906 年 10 月 22 日，《每日镜报》刊登了一幅漫画《贪婪的索普·特拉斯特先生》，它是漫画家威廉·哈兹尔登（William Kerridge Haselden）对威廉·利华的滑稽模仿。

> 穷苦妇人：索普·特拉斯特先生[1]，请问一下，这盒肥皂应该没有你们宣称的一磅重吧？
>
> 索普·特拉斯特先生：是又如何？你想怎么样？我让你活着，你应该感到庆幸！我是老板，除了我，没有人会造肥皂。只要我愿意，我想在肥皂盒里减点量就减点，想涨价就涨价。你再不滚出去，我就报警了！

---

① 英语原文为 Mr. Soap Trust，意为肥皂托拉斯先生，是对肥皂企业的拟人化说法。此处为音译。——译者注

1912年4月，依照威廉·利华和伦坎的协议建立的比属刚果制油厂（HCB）用刚果的棕榈油生产出了第一块肥皂，然后这块肥皂被放在一个象牙盒里献给了比利时国王阿尔贝尔一世。但是，当时在英国国内已经有一些言论揭露利华和伦坎之间的协定掠夺了当地农民的油棕树，掩人耳目的借口是从上述协定实施之日也就是1911年开始，农民们只能经营那些已经增值的“树”。协定中有一个条款的意思是，只有以贸易的方式出售过油棕树果实的农民才能继续出售自己的果实。而事实上，1911年前当地根本就不存在任何棕榈油的贸易组织，殖民地政府就这样将油棕林的小产业者变成了比属刚果制油厂和威廉·利华的工人。他们的协定中没有确定最低收购价，但规定了最低日工资为25生丁[①]。相对于爬树采摘果实所付出的艰辛而言，这个收入很低。威廉·利华本人非常清楚这一点，但面对工人们的不满和消极怠工，他不但没有增加工资，反而开始采取强制劳动制度。与此同时，为了摆脱对外部采购的依赖，他开始扩大自己的私人王国，就像以前利奥波德二世将刚果当成他的私人花园那样。

强制劳动制度一直延续到第二次世界大战结束。它建立在一种税制的基础上，这是一种每个人都必须缴清的税。根据社会党政治家埃米尔·范德维尔德的记录，很多无力纳税的农民不得不为比属刚果制油厂工作，希望在几个月艰辛的劳动后能凑够纳税的钱，他们就这样在某种程度上沦为棕榈油行业的新一代"奴隶"。[②] 埃米尔·范德维尔德早在20世纪初就开始对利奥波德二世残忍的刚果政策和不计其数的恶行进行大规模的调查，尤其是在英国领事罗杰·凯斯门特（Roger Casement）那份触目惊心的报告公布之后。罗杰·凯斯门特在报告中披露，工人手中的油棕果被以极其低廉的价格（约3生丁/公斤）收购。同时，油料精炼厂的主管对员工极其粗暴，

---

① 生丁，法国辅币名，一法郎等于100生丁。——译者注

② 转引自J. 马肖（J. Marchal）:《利华休姆爵士的传说：在刚果的殖民剥削》（*Lord Leverhulme's Ghosts : Colonial Exploitation in the Congo*），沃索出版社（Verso），2008年。

不仅威胁他们，还对其进行肆意逮捕，并对当地人罚以重税（高达 85 法郎），迫使他们在油棕林中劳作几个月甚至一整年来还清税款。[①]

劳动力由村落的首领提供，作为交换，他们每次“提供人手”都会获得不菲的佣金。如果这个劳动力不服从征用，就可能会遭到终身监禁，并被施以鞭刑——这种用河马或者犀牛皮做的细长皮鞭的鞭刑 1959 年才在刚果被禁止。每个工人每砍下一簇油棕果会收到 0.12 比利时法郎，相当于欧元 0.0024 分。每个工人每天必须至少摘 12 串果实才能领取 1.5 比利时法郎（欧元 0.03 分）的日最低工资。但是，朱尔 · 马肖在调查中指出，鉴于摘果实的难度，一天能摘 7 串果实就已经算是非常好的成绩了。1955 年，在利华兄弟雇佣的 15341 名工人中有 8541 个人是来自遥远村落的“移民”。

需要指出的是，这种条件迫使工人不得不“雇用”自己的孩子加入劳作。埃米尔 · 勒热纳在报告中指出：“工人并不都是成年人，比属刚果制油厂雇用了大量的青少年和儿童。在某些情况下，这是一项由身强力壮的年轻人在农业企业里从事的工作。然而，我在利华维尔发现一些儿童和青少年，他们或推着翻斗车，或在基伍河上满载树皮和油棕果的船上

① 转引自 J. 马肖：《利华休姆爵士的传说：在刚果的殖民剥削》，沃索出版社，2008 年。

工作。他们没有达到这些工作要求的年龄。”[1]

悲惨的工作条件和为来自远方的劳工提供的恶劣住宿条件（比如男女老少挤在只有简单掩蔽的棚屋里，一天只有一顿饭）引起了各种不满和反抗，1931 年刚果河地区的彭德人发动的暴乱导致了几百人死亡。

这种暴乱是多方紧张因素交织在一起的结果：当地粗暴的管理、毗邻部落的争夺，加之介于巫术和宗教之间的信仰的出现加剧了紧张局势。殖民当局开始的猛烈镇压，源于当地的一个经纪人被杀并分尸，尸体的碎块作为战利品被送给了部落头领。

如果说这些行为在利奥波德二世对刚果的血腥统治期间很常见，那么让人震惊的是，威廉·利华为了自己的利益继续着这样的暴行，其中最令人惊讶的是范德维尔德。确实，在欧洲人眼里，威廉·利华是一个重视慈善的知名企业家。朱尔·马肖在其著作中引用了范德维尔德的话，他对亚努斯[2]和他的“双面”利华维尔提出了质疑，即一面令人尊敬，符合期待；另一面充满暴力和不公。根据范德维尔德掌握的殖

---

① E. 勒热纳（E. Lejeune）：《刚果的社会阶层》（*Les classes sociales au Congo*），《刚果评述》（*Remarques congolaises*），1966 年。

② 亚努斯，罗马最古老的神之一，其雕像常常有向着相反方向的两副面孔，一副向着过去、一副向着未来，而且一只手拿开门的钥匙、一只手持警卫的长杖。——译者注

民当局的资料，在那里工作的工人都是用武力强征来的。他最后总结到，在这种条件下，暴动是意料之中的，也是无法避免的。①

当然，在其所到之处，棕榈油并不是总会带来这种遭到谴责的暴行。在尼日利亚，同一时代的殖民政府认为油棕林是尼日利亚人的财产，绝不可能转让给欧洲企业让他们经营。确实如此，在殖民时代，没有一块土地被让给欧洲人种植油棕。农民按照自己的节奏采摘油棕果，也没有劳动力被村落首领送给第三方。他们提供果实或者直接提供成品——棕榈油，原材料加工获得的附加值归自己所有。欧洲企业在当地没有任何垄断，而且从尼日利亚人手中收购棕榈油和果仁时，还面临着激烈的竞争。那里的收购价格很合理，充分体现了劳动价值。此外，由于棕榈油的售价比油棕果高，为了增加棕榈油产量，从 1931 年开始，殖民政府为农民提供贷款让他们购买手动榨油机。

但是，这个与比属刚果形成强烈对比的例子并不能用来说明大英帝国殖民主义的某种"良心发现"。像其他殖民列强一样，英国也应该对它做出的那些残暴、招人谴责的行为进行反思。比如在肯尼亚，强制招募在咖啡种植领域很常见，

① 转引自J. 马肖：《利华休姆爵士的传说：在刚果的殖民剥削》，沃索出版社，2008 年。

虽然工资是同时期比属刚果工资的 8 倍。

在翻阅这些差不多一个世纪前的调查和报告时，我们惊讶地发现，这些暴行目前或多或少仍然存在。比如非洲中部，或者印度尼西亚的一些前林业巨头（苏哈托专制统治下建立的黑帮）控制的棕榈林中，由于所有的森林都被彻底砍伐一空，他们失去了发财门路，纷纷把目光转向了新的摇钱树——油棕。

无限扩张

油棕踏入亚洲

很快，非洲生产的棕榈油就无法满足欧洲工业对棕榈油和棕榈仁油的巨大需求。为了解决供应危机，另一个大陆登场了，从此再也没退出过。

这一切开始于 1848 年，印度尼西亚爪哇岛上的布依腾佐格（Buitenzorg）[①] 植物园收到四棵油棕树苗——两棵来自阿姆斯特丹植物园，另外两棵很可能来自波旁岛或者毛里求斯。它们结出的种子正是如今东南亚种植的所有油棕的起源。从 1860 年开始，印度尼西亚在各地设立了试验苗圃，尤其是在苏门答腊地区，当时出售的油棕树主要用于装饰。培养出来的树后来被称作德里油棕（Deli-Palm），尽管这种油棕是那四棵很可能

① 布依腾佐格，就是今天的印度尼西亚茂物。——译者注

来自非洲[1]的油棕树的后代，但它比非洲油棕更加高产。

这种油棕果外壳非常坚硬，从这一点看，它属于“硬脑膜”型；但与“非洲硬脑膜”油棕果相反，德里油棕的带刺瘿瘤要短得多，它的果肉也更加丰厚，含有60%的额外油脂。

直到1911年，印度尼西亚油棕苗和种子才得以更大范围地商业化。它们首先在苏门答腊地区发展起来，这得益于一家使用德里油棕的比利时企业。1917年，马来西亚开始在雪兰莪（Selangor）地区大范围种植油棕树，几年后，机器开始运转，摧毁了那里的森林。1925年，苏门答腊油棕种植面积是31600公顷，马来西亚为3350公顷。第二次世界大战前夕，这两个数字分别跃升至92000公顷和20000公顷，东南亚的油棕产量超过了非洲大陆。

一个新的起点

棕榈油行业真正的腾飞是在第二次世界大战之后。对于东南亚国家而言，摆脱束缚它的殖民桎梏，这是一个新起点的开始。马来西亚迎来了众多从非洲转移而来的企业，以空前的速度进入棕榈油市场。其中就有利华兄弟（Lever Brothers），它在1930年1月1日与荷兰联合人造奶油公司（Margarine

---

① R. H. V. 科利（R. H. V. Corley）、P. B. H. 斯因克（P. B. H. Tinker）:《油棕》（*The Oil Palm*），威立•布莱克威尔出版社（Wiley-Blackwell），2003年。

Unie）合并为联合利华公司。这两大企业联合主要是为了方便原材料——棕榈油的进口和生产。虽然比属刚果于 1960 年独立，但比属刚果制油厂更名为利华刚果种植园（PLC）继续在刚果经营到 1963 年。在刚果，破坏公共设施成为家常便饭，军队无法像殖民时代那样保护利华王国的安全，出口税和通货膨胀使得企业的利润锐减，因此，联合利华决定撤出刚果。联合利华这个总部位于曼哈顿帕克街 390 号的跨国公司开始致力于在英国库尔沃兹实验室里研究新品种，进行各种克隆，目的是为世界市场提供抗疾病能力更强的油棕苗木。与传统油棕树相比，这种品种的收益率提高了 25% 到 30%，果实成熟更早，树的高度更低，更方便采摘。但是，联合利华并没有放弃生产棕榈油和棕榈仁油。1947 年，在土地价格跌至低谷的时候，它从马来西亚柔佛州购买了几块地，1960 年又在邻近地区购入土地，这两块土地一起形成了第一个面积为 4600 公顷的种植园。同年，联合利华决定进入婆罗洲的沙巴岛。在随后的几十年间，这个地区彻底被油棕树吞没。

美国和马来西亚的助力

在第二次世界大战后新的国际形势下，贸易往来的全球化开始萌发，棕榈油从简单的原材料变成了地缘政治工具。1976 年尼克松政府的农业部部长厄尔 · 布茨（Earl Butz）与马来西亚初级工业部部长穆萨 · 宾 · 希塔姆（Musa bin Hitam）

的会面，开启了一个至关重要的新篇章。但是，当时的背景对棕榈油不是很有利。自 1972 年以来，美国一直处于食物危机中，常年的恶劣气候导致粮食匮乏，并且在第一次石油危机的冲击下，种植粮食所需的化学品（如杀虫剂、肥料）和燃油成本飙升。动物饲养者无法喂养家禽，对于消费者而言，肉类、奶酪和糖等基本的食品变得十分昂贵，以至于节衣缩食成了每个家庭的口头禅。在这场危机中，尼克松委托厄尔·布茨对美国食品体系进行改革。列入改革计划的包括放宽关于食品的法律、增加对农业和食品行业的补贴、修改贸易往来相关的法律。这场危机滋生了针对各种进口的贸易保护主义，进口被视为万恶之源，其中就包括棕榈油。美国对棕榈油的进口量越来越大，国会为之展开了辩论。最早进行这场辩论的是来自得克萨斯州的参议员威廉·伯格（William Poage）。他轻蔑地将棕榈油称为“老鼠油”，认为它正在扼杀美国的大豆产业（从大豆中提取的大豆油与棕榈油产量并列第一），因此主张缩减棕榈油进口配额并征税。

但是，厄尔·布茨信奉自由贸易。他于 1976 年 4 月 23 日在吉隆坡机场会见穆萨·宾·希塔姆时，丝毫未提及威廉·伯格对棕榈油的批评和要求。在一场围绕着是否要品尝榴梿[①]

① 榴梿是东南亚国家备受推崇的水果，但西方人通常无法接受。

的外交博弈中，厄尔·布茨向马来西亚的棕榈油敞开了大门。作为优秀的谈判专家，布茨同意以美国的名义参与被希塔姆称为“民主燃料”的计划，条件是马来西亚为进口“美国制造”的商品打开国门。[①] 马来西亚一直是从前宗主国英国那里购买各种食品（罐头、橙汁等）。

几个月后，快餐企业麦当劳就在马来西亚开办了它的第一家棕榈油工厂。就像记者格雷格·克里策在他的著作《脂肪之乡》里提到的，厄尔·布茨此举让美国的消费者开始大肆享用既美味又便宜的卡路里[②]。

棕榈油（以及高果糖玉米糖浆）大量涌入美国市场、在美国继而在全球范围内引发巨大的食品变革，对公共健康也不无影响。厄尔·布茨在尼克松及其继任者福特担任总统期间进行食品改革，鼓励建立农工业，进行规模越来越大的开发，当时新生了快餐业和加工食品。他的口号也变成了“要么变大，要么出局”。

有必要指出的是，马来西亚前初级工业部部长穆萨·宾·希塔姆从此变成了森那美集团（Sime Darby）总裁。

---

① 格力高·科里斯特(Greg Critser)：《脂肪之乡：美国人是如何变成世界上最胖的民族的》(*Fat Land: How Americans Became the Fattest People in the World*)，美国海员图书公司（Mariner Books），2004 年。

② 卡路里（calorie），简称卡（cal），热量的非法定计量单位。使 1 克纯水的温度升高 1℃所需要的热量就是 1 卡。1 卡，等于 4.1868 焦。

森那美集团是一家跨国公司，70% 的利润来自橡胶和油棕种植业，是全球最大的种植企业之一，它也顺利进军了棕榈果加工业，在马来西亚、印度尼西亚苏门答腊的婆罗洲（加里曼丹岛）和苏拉威西岛拥有超过 63 万公顷的油棕树和橡胶树。

油棕在全球

虽然马来西亚和印度尼西亚分布着全球主要的油棕种植园（仅这两个国家的棕榈油产量就达到 3500 万吨），但几乎所有的热带国家都种植油棕树。尼日利亚是世界上第三大油棕种植国，紧随其后的是泰国和哥伦比亚，年产量达 60 万~90 万吨。刚果民主共和国、巴布亚新几内亚、科特迪瓦、厄瓜多尔、巴西、危地马拉、喀麦隆、委内瑞拉、加纳、几内亚、洪都拉斯、哥斯达黎加、安哥拉和菲律宾也都加入了棕榈油生产，主要是农工业生产。尽管小种植园——通常是家庭式经营——的产量占全球的三分之一，但油棕主要还是以工业模式和大面积种植为主，因此经常破坏热带森林和当地的生物多样性，损害原住民的利益。

2000 年以前，油棕还相对低调，不为大众所知；2000 年之后，它经常被人提起，甚至进入了参议院的讨论范围。虽然面对油棕扩张对环境产生的影响，生态学家（以及众多专注于热带森林及其生物多样性的科学家）采取了积极行动，但是，在欧洲，使棕榈油走出相对默默无闻状态的是与健康相关的问题。

2

棕榈油严重危害健康吗?

《能多益修正案》

2012年11月，法国参议院议员伊夫·多比涅（Yves Daubigny）提出了《能多益修正案》（*Amendement Nutella*）。此举引起费列罗集团（能多益商标持有者）、马来西亚棕榈油理事会（MPOC）和科特迪瓦棕榈油理事会史无前例的强烈抗议。2012年11月14日，法国参议院以212票赞成、133票反对的结果通过了该修正案。修正案旨在将用于食品中的棕榈油、棕榈仁油和椰子油的特别关税从每吨100欧元提高至每吨400欧元。后来，法国在2013年年度社会保障预算案审核通过了该修正案，但在2012年11月30日国民议会又否决了该修正案。在伊夫·多比涅参议员看来，“该修正案的提出并不是为了增加新的收入来弥补社保经费的不足，也不是为了限制消费者购买能多益。这不是一个类似提倡戒烟的修正案。我也不想被人视为反能多益斗士。目前法国对橄榄油征收的关税是棕榈油的两倍。我的想法就是将棕榈油的关税从100欧元/吨增加到400欧元/吨”。

健康问题是该修正案提出的首要原因，其次是油棕种植造成的环境影响。《能多益修正案》公布后，企业的通告和信息宣传（抑或是混淆视听的虚假信息）便铺天盖地而来。费列罗集团宣布，不会对“能多益”产品的配方作出任何改变，而棕榈油酸即一种饱和脂肪酸是他们明星产品的第二种主要成分（20%），仅次于糖。这种脂肪酸是世界卫生组织指出的导致心血管疾病发病率提高的原因之一。费列罗集团还专门设立一个名为“我们来聊聊能多益”（Nutella，parlons-en）的网站[①]，用于解释棕榈油对他们产品制作的重要性，以及为什么他们的棕榈油没有毁坏环境。此外，从 2012 年 11 月 16 日开始，费列罗集团还在各大日报（如《费加罗报》《巴黎人报》）刊登两个版面的广告来为棕榈油辩护。科特迪瓦的棕榈油（以及棕榈仁油）生产商们决定在 2013 年 6 月举办一个关于棕榈油益处的科学研讨会，目的是“面对国际组织和其他油类竞争者对棕榈油破坏环境、损害健康的‘诋毁’宣传，提升自己产品的价值”。

根据他们的原话，这种粗暴的诋毁宣传（有人提出阴谋

① 参见 http://nutellaparlonsen.fr/?gclid=CIqzlf6kkLQCFTD MtAod9mQAiQ#!/3/huiledepalme。

诡计这个词，被科特迪瓦记者[①]替换了)是在植物油竞争者的推动下由西欧的法国非政府组织策划的，因为那些竞争者看到自己的市场份额暴跌，这些宣传也因此是丝毫站不住脚的；无论是关于环境还是关于健康的指责都是虚假的，棕榈油非常有营养，应该让它沉冤昭雪，所以举办这个研讨会，并且号召与马来西亚和印度尼西亚形成联盟，“团结就是力量”。

马来西亚棕榈油理事会则选择了另一种方法进行回击。它组织了一场声势浩大的竞赛以便在法国推广棕榈油，为其正名。它建立了一个网站[②]，并且在脸谱网上建立了一个主页[③]，人们可以“赢得马来西亚双人游！去看红毛猩猩和马来西亚特有的动物和植物！”

根据网站的原话，只需要进入组织者的网站[④]，在以下活动中任选一个完成，就可以参与抽奖。

---

① L. 加马伊（L. Gamaï）：《法国的诽谤宣传：科特迪瓦举行研讨会提升棕榈油价值》（*Campagne de dénigrement en France : un colloque en vue pour valoriser le palmier à huile en Côte d'Ivoire*），《新论坛报》（*La Nouvelle Tribune*），2012 年 12 月 6 日。

② 参见 http://www.lepalmierahuile.fr/jeu-concours。

③ 参见 http://www.facebook.com/pages/voyage-malaisie/122684191220429。

④ 当时的网址为 http://www.lepalmierahahuile.fr/jeu-concours，该网址如今已失效。

1. 以《为什么棕榈油在法国很重要》为题写一篇文章，并将文章发到上述组织者的网站；

2. 在本活动的脸谱网主页上发表一个关于棕榈油的评论；

3. 在本活动的脸谱网主页上或者在 Instagram 网站用“马来西亚之旅”为主题标签贴出一张名为《为什么棕榈油在法国很重要》的摄影作品。

网站组织者还解释道：“马来西亚棕榈油理事会希望能够为棕榈油以及棕榈油衍生产品打开新的市场，同时赋予棕榈油一个更加美好的形象，使它更容易被接受。理事会将增进人们对棕榈油在营养、社会经济发展和可持续性方面的优点和益处的理解，并更好地了解棕榈油在我们日常生活中的普遍性和必要性。”

马来西亚棕榈油理事会还不忘加上几段关于环境和保护森林的话语，这些话非常有意思，并且还引经据典。

马来西亚的成功建立在经济发展和环境保护之上。马来西亚 50% 的森林受到永久性保护，为子孙后代保留了这份独一无二的自然财富。马来西亚是一个美丽非凡的国家，您将会在那里度过难忘的时刻。

> 您将在向导的陪同下进入婆罗洲热带森林，在那里，您将会遇见马来西亚最著名的居民——红毛猩猩。穿越西比洛神山丛林时，您会发现更多这种神奇生物，见证马来西亚保护它们的决心。马来西亚人热情好客，他们会邀请您看看他们祖祖辈辈的生活条件得到了多么大的改善！他们通过小型的家庭农业经营摆脱了贫困，朝着新的繁荣之路不断前进。

> 此次竞赛活动是由马来西亚的棕榈油生产企业赞助。棕榈油是天然油类，不含转基因、反式脂肪酸和变应原。它是全球几百万人日常食物的主要成分，也是法国很多食物中的一种配料。您可能在终端产品中没有注意到它，因为棕榈油主要是在制作食物的过程中使用，目的是让其他配料的味道更加浓郁。从羊角面包到饼干，棕榈油让法国发生了变化。

早在这一修正案提出之前，棕榈油生产国举行的诱惑宣传就已经如火如荼地进行着，尤其是 2011 年 4 月印度尼西亚农业部在巴黎的铂尔曼酒店举行了一场主题为“可持续的棕榈油”（L'huile de palme durable）的研讨会。此时适逢 G20 峰会前夕，印度尼西亚农业部部长苏斯瓦诺（Suswano）与法国农业部部长勒梅尔（Lemaire）进行了会谈，会谈的主题主要是环境问题。

2012 年 9 月，马来西亚种植之父、原产业部部长丹斯里·伯纳德·吉路·东波（Tan Sri Bernard Dompok）在巴黎会见了法国农业部部长勒弗尔（Le Foll），目的是“改正对棕榈油的认识”。丹斯里·伯纳德·吉路·东波认为，欧洲人特别是法国人对棕榈油的怀疑是非常没有必要的。此外，尼日利亚的一个智库要求法国总统奥朗德否决这种“殖民税”，他们的根据是油棕种植“减少了贫困并且改善了几百万非洲人的生活”。

在进行这些反击的同时，科特迪瓦油棕生产者协会以虚假广告为由对法国 U 氏连锁商场集团提出了诉讼，并且胜诉。该协会认为那些广告大肆赞扬不含棕榈油的产品“纯粹是出于商业目的，其中没有任何环保理念，也没有严谨的科学分析”。巴黎的商业法庭在 2012 年 12 月 4 日的决议中认为“U 氏集团的宣传对棕榈油产品构成了带有损害性质的诋毁”，并下令让“U 氏集团在 15 天内，在所有平台上停止与棕榈油相关的广告”，如果违反此禁令将被处以 3000 欧元的逾期罚款。虽然科特迪瓦的棕榈油生产者对这个为棕榈油平冤昭雪的“公正判决”非常满意，认为棕榈油是一种不会对健康带来“特殊问题”的产品，但是，U 氏集团的发言人指出，法院对他们针对的是“广告的形式不够清晰，而不是针对广告最终传达的信息”。这位发言人最后总结道：“在广告的内容上，我们做得不够清晰，它批评的是棕榈油的集约化经营，而不是整个生产模式。”[①]

我们对棕榈油生产者的这种猛烈反击会感到惊讶，尤其是在大量的广告或者产品标榜不含双酚 A、转基因、乳糖、糖、铝盐、谷蛋白和食盐时。科特迪瓦这个国家在棕榈油行业的发展上从未受到过任何阻碍，自 2006 年开始，棕榈油行业再次被推动，处于迅猛发展中，产量增加了三倍多，并且力求到 2020 年实现产量翻倍，达到 60 万 ~100 万吨。2010 年至 2011 年间，科特迪瓦主要棕榈油生产企业科特迪瓦棕榈公司（Palmci）产量增加了 293%，2011 年在世界性经济危机和科特迪瓦民族冲突这样的不利环境下，它的股票市值仍然增长了 10.91%。

有意思的是，在针对 U 氏连锁商场集团的事件中，马来西亚不失时机地提供了强有力的助攻——2012 年 10 月，在巴黎国际食品展览会举办期间，马来西亚发表的一些新的科学研究证明棕榈油具有无法比拟的性能，是最佳的烹饪用油，并不比大部分饼干和蛋糕中含有的黄油有害。这是否跟亚洲的棕榈油公司与科特迪瓦棕榈公司有着共同产品和共同的投

① 参见 http://www.la franceagricole.fr/actualite-agricole/huile-de-palme-systeme-u-condamne-a-stopper-sa-campagne-publicitaire-de-denigrement-65815.htlm。

资者有关系？确实，科特迪瓦的非洲海岸不动产与金融集团（Sifca）持有科特迪瓦棕榈公司 52.51% 的股份，但非洲海岸不动产与金融集团的“油料”业务被另外一个公司——萨尼亚（Sania）集团所控制。萨尼亚除了接手著名肥皂制造商象牙海岸化妆品公司（Cosmivoire）联合利华在科特迪瓦的棕榈油产业，还与新加坡两家投资集团——丰益国际集团（Wilmar）和奥兰国际有限公司（Olam）合作成立了诺伍投资公司（Nauvu）。非洲海岸不动产与金融集团和诺伍投资公司两家公司一共投资了 1540 亿美元，在阿比让建立一个新的炼油厂，于 2010 年 6 月投产。非洲和亚洲的结盟给竞争对手造成了恐慌，如法国阿德旺斯集团（Advens，法国第一大花生和棉花生产商），它的领导人向欧盟和西非经济货币联盟提出上诉，理由是非法的资金集中会导致本地区其他油料企业倒闭，但并没有成功。

科特迪瓦棕榈公司则为丰益国际提供了种植经理，一名在苏门答腊种植园管理经验丰富且业绩不俗的中国人。为了尽可能地接近亚洲的收益率，他通过为土地增肥、增加每公顷油棕树的数量等方式对种植方法进行了改革。

科特迪瓦的棕榈油生产主要都是供给当地的消费。此外，整个西非棕榈油的年产量缺口达 80 万吨。面对当地的巨大需求，非洲尤其是科特迪瓦的企业也就不会在棕榈油对健康和环境的影响方面遭到像欧洲那样的争议。除非随着产量的增加，他们考虑出口一部分棕榈油。

面包酱大战

自从参议员伊夫·多比涅宣布了《能多益修正案》，我们就目睹了一场由刊登在不同媒体的广告所引发的面包酱大战。一方面，费列罗集团不停地鼓吹他们的能多益面包酱的营养品质；另一方面，一些品牌和制造商决定不再为受到修正案指责的产品——棕榈油铤而走险，并且高调地宣布了这一决定。既然棕榈油在我们的日常生活中无处不在，为什么还要对面包酱穷追猛打呢？有人可能会这么问。这是因为这种大众消费品在全球尤其是法国具有象征意义。能多益面包酱占有法国面包酱市场 85% 的份额，法国消费了能多益面包酱全球产量的 26%，能多益面包酱最大的工厂就设在法国，位于滨海塞纳省的维耶 - 埃嘉乐（Villers-Écalles）。作为能多益品牌全球第一大生产基地，该工厂每年生产超过 10 万吨能多益面包酱和健达缤纷乐巧克力（Kinder Bueno）。

但是，也可能是因为长期以来，费列罗集团在其广告宣传中歪曲事实，大肆吹嘘他们产品的健康和营养品质——富含榛子、牛奶和巧克力，而经常刻意不提其主要配料：糖和脂肪。

在孩子的生活中，有那么多事需要去经历
那么多的能量要消耗，为了
玩耍
梦想
全神贯注
那么多的能量要消耗，为了
尝试
再尝试
为了学习
为了变得强大
为了探索世界
榛子、脱脂牛奶
能多益，孩子们需要它的能量。[①]

著名的面包酱广告如是吹嘘。

然后，由于他们的目标从小孩变成了青少年，另外一个

① 参见 http://www.youtube.com/watch?v=p3hHsWsHSWc。

广告便继续着这样的场景：

> 有一天，我们长大了
> 课间休息活动改变了
> ……
> 有一天，我们长大了
> 但我们不会因此停止对能多益的爱
> 榛子、牛奶
> 分量恰到好处的可可粉
> 能多益，投入生活，需要它的能量。[①]

在上面两个广告里，结论是一样的，提到了脱脂奶、榛子，还有青少年版里的“分量恰到好处的可可粉”，但对于其他配料只字未提，而未提及的这些配料还是主要配料。一罐能多益榛子酱约含 13% 的榛子、7.4% 的低脂可可粉、6.6% 的脱脂奶粉、一些香精、乳化剂和大豆卵磷脂，以及约 20% 的棕榈油和超过 50% 的糖。根据出口的国家和他们关于巧克力的现行法律，能多益的成分有所变化。2011 年，美国一位四岁孩子的母亲就针对其中的一个广告提出了诉讼。费列罗

① 参见 http://www.youtube.com/watch?v=-VHyTMGWcI4。

集团鼓吹以“能多益”面包酱为主要成分的早餐具有“健康”性，但实际上这种产品的主要配料是糖和脂肪酸，其中有一部分是饱和脂肪酸。世界卫生组织和各种研究团队认为，饱和脂肪酸是导致肥胖症和Ⅱ型糖尿病的主要原因。因此，费列罗被判定为虚假宣传，并被处以305万美元的罚款，其中250万支付给消费者和申诉人。所有在美国购买能多益产品的消费者可以提出控告，2008年至2012年期间购买能多益的消费者按照每个家庭最多20美元的标准给予赔偿。①

虽然这场虚假广告官司显得有些幼稚可笑，但它引起了一场真正的而且重要的辩论。费列罗集团并没有因此修改其广告和宣传，并且继续强调能多益中含量较少的配料。直至2012年11月，该集团才不得不标示出棕榈油的含量。

> 大品牌意味着承担着更大的责任。这就是为什么我们总是负责任地挑选配料。……与人们通常认为的那样相反，棕榈油对健康不构成危害。一片涂了能多益榛子酱的面包中含的饱和油脂，要比大部分点心和早餐中含

① 参见 https://nutellaclassactionsettlement.com。

有的饱和油脂都少。[1]

人们抗议棕榈油对健康和环境造成的危害，而这一声明来自对棕榈油抗议浪潮进行反击的广告。我们该如何看待它？它反映的是事实，抑或也应该把它归入虚假广告之列？

法国的一些超市，如卡西诺（Casino）在它的面包酱罐上可以看到"第一个不含棕榈油的面包酱"，以及棕榈油被葵花籽油、可可黄油和可可油的混合物代替的字样；不二价（Monoprix）和U氏商场自己开发了一种面包酱，含40%的榛子和菜籽油，而且还是有机食品。费列罗集团是否也应该效仿？

对于世界卫生组织而言，棕榈油是心血管疾病元凶之一；在众多研究人员的眼中，它是导致肥胖症和Ⅱ型糖尿病的诱因之一；但是，一些像克拉莫·厄洛热教授——他是科特迪瓦心脏病学研究所门诊服务负责人——那样的医生却认为棕榈油是一种普通的食用油脂，甚至是健康的、不含非变应原、有营养的、可以治疗心血管疾病的物质。到底该如何理解这些关于棕榈油（以及棕榈仁油和各种衍生品）的各种矛盾说法背后的事实？

---

① 这是2012年11月16日能多益刊登在几大日报如《费加罗报》（*Le Figaro*）、《巴黎人报》（*Le Parisien*）上的广告中的文字，该广告占了两个版面。

棕榈油小解剖

棕榈油是众多争议的核心，它或是被贬低或是被大力拥护，但它到底是什么？在这个统一的名称下面隐藏着复杂的事实，它由众多成分构成，因此很难分析它对我们身体的影响。

我们首先应该对不同的棕榈油进行区分：由棕榈果肉压榨而成的棕榈油（呈橙色），以及来自棕榈籽或者果仁的棕榈仁油。

在严格意义上，棕榈油是甘油三酯混合物，也就是甘油酯分子，是由三个羟基团（OH）与脂肪酸酯化反应而成。

其化学结构式如下：

$$\begin{array}{l} CH_2-O-CO-R1 \\ | \\ CH\ \ -O-CO-R2 \\ | \\ CH_2-O-CO-R3 \end{array}$$

R1、R2、R3 代表脂肪酸。脂肪酸是由相对较长的碳链构成，碳原子可达 4~36 个。脂肪酸构成了新陈代谢的能量来源，以甘油三酯的形式储存在我们的身体中。它们要么通过人体直接合成，要么通过我们的饮食直接进入人体。当我们长时间消耗体力时，我们的身体会需要甘油三酯，将它们分解成脂肪酸，以三磷酸腺苷（ATP）形式释放出能量和细胞运转所需的碳氢化合物。脂肪酸也会进入其他“结构性”脂肪的合成，如构成细胞膜的磷脂；它们还会被转化成细胞内和细胞间的信息传递分子，如荷尔蒙。

这些脂肪酸又可以分为饱和脂肪酸和不饱和脂肪酸。前者的特点是碳原子饱含氢，也就是说碳原子带着尽可能多的氢分子。以棕榈油酸为例，它的分子式是 $CH3(CH2)^{14}COOH$，含有 16 个碳原子和 32 个氢原子，这就是说碳原子之间的所有化学键都是单键。

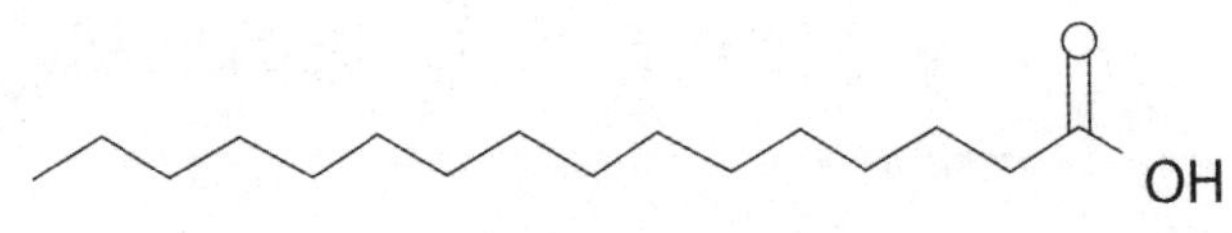

棕榈油酸分子图

不饱和脂肪酸，在它们的分子里，碳原子之间是一个或多个双键。因此，它们的氢分子数量也相应减少。

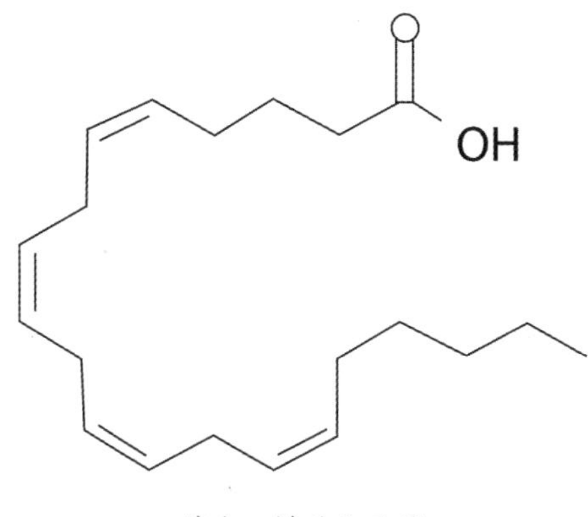

花生四烯酸分子图

棕榈油因油棕树的品种不同而含有 6 种在比例上截然不同的脂肪酸，即 3 种饱和脂肪酸和 3 种不饱和脂肪酸，其中 2 种是多不饱和酸（碳原子间含有一个以上的双键）。

棕榈油的一般构成如下：

- 肉豆蔻酸（C14）：1.1%；
- 棕榈油酸（C16）：43.5%；
- 硬脂酸（C18）：4.3%；
- 油酸（含有一个双键的 C18）：39.8%；
- 亚油酸（含有两个双键的 C18）：10.2%；
- 亚油酸（含有三个双键的 C18）：0.3%。

此外，棕榈油还含有类胡萝卜素，它是一种橙黄色的色素，是维生素 A 的前体物（维生素 A 原），尤其是 β 胡萝卜素。商用棕榈油约含 500~600ppm 类胡萝卜素（相当于每公斤含量为 500~600 毫克）。最普通的油棕树品种或者是德里油棕含量会略少，这一点从它们不太鲜亮的颜色就可以看出来。β 胡萝卜素含量最高的是非洲产的棕榈油。β 胡萝卜素可以在缺乏维生素 A 的情况下用作维生素补体。比如新生儿不含奶的饮食，以及其他不含乳制品、蛋类、脂肪和绿色蔬菜的饮食，但肝功能和肠功能紊乱导致的营养缺失需要直接摄入维生素 A，因为这些器官可以对来自 β 胡萝卜素的维生素 A 进行新陈代谢。但是，吸收过量的维生素 A 也会产生问题，尤其是对于孕妇而言。

棕榈油中还含有生育三烯酸和生育酚，这也是维生素 E 的构成成分。维生素 E 是一种抗氧化剂，经常以 E306 和 E309 的代码名称被用作食品防腐剂，因为它可以避免食物变味。这说明，与其他的脂肪体和植物油相反，棕榈油具有极大的稳定性。在人体中，维生素 E 可以对细胞膜和细胞单元膜如线粒体发挥抗氧化剂的作用——线粒体是由脂肪酸构成，容易受到自由基的损害。此外，维生素 E 可以阻止血小板聚集，控制血栓的形成。按理说，这应该对人体有益，因为血栓（血液形成的小块）会导致动脉梗塞，并伴有局部贫血（依靠动脉供血的器官血液供应减少），甚至可能导致梗死。但是，一项为期 10 年、针对 14641 名实验对象的医学研究并没有得出显著结果，不能证明维生素 E 具有减少心血管疾病风险的效果。[①] 相反，另一项医学研究显示维生素 E 和出血型脑血管病（占比高达 22%）之间有明显相关性。研究者在结论中指出，要警惕过度摄入维生素 E。[②] 维生素 E 对调节胆固醇比例也有好处，还可以治疗帕金森病。值得注意的是各种植物油中都含有维生素 E，未精炼的棕榈油中含量高达 300~500ppm。精炼后，这种成分会减少一部分或者彻底消失。

油棕果实的果仁是由一种白色的肉胚乳构成，这种组织是保证胚芽发芽的营养储备。这种肉胚乳含有 47%~52% 的脂肪、7.5%~9% 的蛋白质、5% 的纤维素、6%~8% 的水、2% 的碳和 23%~24% 的碳水化合物。将果仁进行压榨会得到一种

---

① H. D. 塞索（H. D. Sesso）、J. E. 布林（J. E. Buring）、W.G. 克里斯丹（W. G. Christen）等：《维生素 E 和维生素 A 对人体心血管疾病预防：内科医生的健康研究 2 随机对照试验》（*Vitamins E and C in the Prevention of Cardiovascular Disease in Men: The Physicians' Health Study II Randomized Controlled Trials*），《美国医学协会杂志》（*The Journal of the American Medical Association*），2008 年。

② M. 舒克斯（M. Schürks）、R. J. 格林（R. J. Glynn）、P. M. 李斯特（P. M. Rist）、C. 特祖里奥（C. Tzourio）、T. 库尔特（T. Kurth）：《维生素 E 对中风子类型的效果：随机对照试验元分析》（*Effects of Vitamin E on Stroke Subtypes : Meta-analysis of Randomised Controlled Trials*），《英国医学杂志》（*British Medical Journal*），2010 年。

叫作棕榈仁油的油脂和含有残渣的渣子饼，后者可以用来喂牲畜。棕榈仁油的脂肪酸构成与可可油相似，包含 7 种饱和脂肪酸和 2 种不饱和脂肪酸（如下所示）。

- ○ 己酸（C6）: 0.4%；
- ○ 癸酸（C8）: 3.4%；
- ○ 辛酸（C10）: 3.3%；
- ○ 月桂酸（C12）: 42.8%；
- ○ 豆蔻酸（C14）: 16.2%；
- ○ 棕榈酸（C16）: 8.4%；
- ○ 硬脂酸（C18）: 2.5%；
- ○ 油酸（含有一个双键的 C18）：15.3%；
- ○ 亚油酸（含有两个双键的 C18）：2.3%。

难以抗拒的油棕

棕榈油的油脂饱和度为48.9%，黄油为63%，椰子油为87%，花生油为20%，菜籽油为5%，坚果油为9%，橄榄油为17.5%，葵花籽油为13%，鹅肝油脂为25%，猪油为38%，其他动物油脂约为45%。至于棕榈仁油，它的饱和度高达82.4%。

如果饱和脂肪酸像有些人所说的那样对人体有害，那为什么它还是得到了认可？这一点通过棕榈油和棕榈仁油的使用范围之广和使用量之大就可以看出来。

工业家选择将棕榈油广泛使用于各种产品中的原因有很多。一方面是经济原因。与其他油脂相比，棕榈油是一种相对便宜的植物油。油棕非常高产，常年都能生产棕榈油。油棕种植2~5年后开始结果，在最佳条件下，产量可以达到每公顷40吨棕榈果，能生产出9吨棕榈油（平均每公顷约4吨）。一年可以进行数次棕榈果的采收。大豆是棕榈最大的竞争对手，但每公顷的产量只有0.8吨（与葵花籽或菜籽一样），种植面积是油棕的7倍。此外，棕榈油成本较低（含油物质中成本最低的）还有一个原因就是生产的机械化程度低，主要依靠大量的劳动力，每单位面积使用的劳动力比其他作物（如大豆）高出三十倍[①]。但是，在种植油棕的发展中国家，大量劳动力产生的成本要低于其他油料作物机械化收割的成本，这些油料作物主要种植于发达国家（除了大豆，它在巴西和其他拉美国家被大量种植）。

另一方面，吸引工业家的还有棕榈油的特性。当然是对那些使用了棕榈油的成品有经济影响的特性。

确实，正如我们刚才看到的，绝大部分棕榈油——90%——被用于食品，而棕榈仁油则更多地被用于大量的日用品、化妆品、油漆和“绿色”燃料，也用于一些食品，如巧克力奶冻或者奶粉替代品[②]。棕榈油是由一种脂肪酸混合物构成的。

油脂和动植物脂肪的用途与它们的特性密切相关，尤其是它们的熔点和凝固点，这两种特性取决于脂肪酸和甘油三酯的构成。棕榈酸和硬脂酸因为都是饱和酸，所以熔化的温度相对较高，比油酸或者亚油酸高得多。

正是因为如此，富含棕榈酸等饱和脂肪酸的棕榈油，即

① 数据来自联合国贸易和发展会议，参见 http://www.unctad.org。

② 咖啡增白剂或者植脂末是奶粉替代品，如雀巢开发的咖啡伴侣，有时也称作咖啡增白剂。

使不放在冰箱里也不会融化，我在第一次去婆罗洲旅行途中发现这一点时非常惊讶。为了进行研究，我曾在加里曼丹东部的森林里追踪猩猩，我们在森林中间就地“做饭”，有时会带一罐人造黄油来改善单调的伙食。黄油在常温状态下被放在架子上，即使温度计显示温度达到35℃时，黄油也不会融化，仍能保持稠腻状态。

跟精炼的棕榈油一样，一般棕榈油的熔点在33~39℃之间，但来自棕榈油的甘油油酸酯在24℃的时候就会融化，而通过对棕榈原油进行分馏获得的硬脂酸的熔点则高达44℃。

通常来说，一种油脂的饱和脂肪酸含量越高，它的熔点就越高，油脂越稳定。但是，很多饱和脂肪酸含量很少的植物油（如橄榄油、葵花籽油、大豆油）在常温下仍保持液体状态，零度以下才凝固。熔点可以通过氢化这种化学工艺被提高。氢化就是打破碳原子之间的双键，再加入氢，从而将不饱和脂肪酸转化为饱和脂肪酸。油脂的稳固性因而得到提高，农业食品加工业特别是糕点工业非常重视这种稳定性。事实上，由于其更具优势的成本，棕榈油和它的衍生品就经常被用于代替其他的氢化油脂。

可可脂也具有这种替代品的功能。它的熔点在35℃左右——这是一个理想的温度，巧克力块在舌间浓郁地融化，而且不会像其他脂肪那样产生黏糊糊的不适感。但是，可可脂无论在哪种形式下都比棕榈油稠腻得多。根据不同国家对相关产品的立法，棕榈油可以取代可可脂，被用于制作巧克力条、巧克力调味汁、巧克力饼干乃至大块巧克力。棕榈仁油也可以代替可可脂，因为它能让产品产生新鲜的口感，如巧克力冻。

此外，还有一点就是棕榈油不会产生异味，或者是相对于其他的油类和油脂不容易产生异味。这就是农业食品跨国公司如此青睐它的原因。

在英美国家（起酥油）或者印度（人造黄油，用来代替氢化植物油脂肪制造的黄油），棕榈原油及其精炼后产生的衍生品可以被当作食用油用于制作人造黄油，以及被当作油脂用于制作糕点。在法国，没有这种黄油，也没有植物油、油料作物（如芝麻、杏仁）在配方里占相当大比重的产品。在甜食制造业中，棕榈油代替可可脂，不仅被用于压缩干粮、蛋糕和其他含巧克力的面包酱中，还被用在淡奶油中。它还在各种“含奶”的制品中代替黄油，如掼奶油、牛奶或者是奶粉（如婴儿奶粉）。马来西亚的棕榈油工业为了在人造黄油（60% ~80%）和糕点用油脂（50%~100%）里添加更多的棕榈油，研发了多种工艺。此外，棕榈油尤其适合煎炸，因为它在高温下非常稳定。这一点与其他低饱和度的油脂相反，它们的低不饱和酸在高温下会氧化、破碎或者聚合。因此，对于薯片和薯条而言，棕榈油具有锦上添花的效果，它含有的β胡萝卜素使薯片和薯条呈现诱人的橙色，让人食欲大增。

至于棕榈仁油，它被加入巧克力冻、太妃糖，尤其是焦糖中。

非政府组织“地球之友”（Friend of the Earth）2005 年的一项研究显示，在英国超市的柜台里，十分之一的产品含有棕榈油（或棕榈仁油）。[1] 如果将研究的时间再拉近一点，这个数据不会减少，只会增加。2005 年，法国的棕榈油进口量从 288.5 万吨增长到 427.2 万吨，2012 年则达到 540 万吨。

①《油与类人猿丑闻：棕榈油是如何正在威胁大猩猩的生存》（*The Oil for Ape Scandal : How Palm Oil is Threatening Oragutan Survival*），地球之友（Friend of the Earth）、类人猿联盟（Ape Alliance）、婆罗洲红毛猩猩生存基金会（BOSF）、红毛猩猩基金会（Orangutan Foundation）、苏门答腊红毛猩猩协会（The Sumatra Orangutan Society），2005 年。

脂肪酸与健康：饱和？不饱和？

不管我们愿不愿意，棕榈油已经成了我们一日三餐的好伙伴，因此，提出它对健康的影响等问题也就不足为奇了。事实上，很难对棕榈油和构成棕榈油的脂肪酸进行好坏区分并得出最客观的答案。

饱和脂肪酸因为与胆固醇和心血管疾病密切相关，所以经常受到排斥。但是，与法国雷恩人类生化营养实验室（laboratoire de biochimie-nutrition humaine de Rennes）的菲利浦·勒格朗、樊尚·里尤两位研究者的研究结果[①]一样，最新的研究对饱和脂肪酸与胆固醇和心血管疾病之间的联系提出

---

① P. 勒格朗（P. Legrand）、V. 里尤（V. Rioux）：《饱和脂肪酸的复杂性及重要的细胞功能》（*The Complex and Important Cellular and Metabolic Functions of Saturated Fatty Acids*），《脂肪》（*Lipids*），2010 年，第 45 期，第 941—946 页；《饱和脂肪酸：简单分子结构与复杂细胞功能》（*Saturated Fatty Acids: Simple Molecular Structures with Complex Cellular Functions*），《临床营养与代谢护理杂志》（*Current Opinion in Clinical Nutrition and Metabolic Care*），2007 年，第 10 期，第 752—758 页。

了质疑。比如硬脂酸，它对胆固醇的含量并没有影响。至于备受批评的棕榈酸，也没有任何害处，它是我们细胞合成的首要脂肪酸（用比例衡量的话，超过25%）。通过棕榈酰化反应，脂肪酸附着在由半胱氨酸或人血白蛋白分子、苏氨酸分子和蛋白质构成的细胞膜上。这种可逆反应将会增加这些分子的疏水性，对于细胞膜发挥作用非常重要。随之产生的成分也会对蛋白质在不同的细胞膜层之间流动，以及蛋白质与细胞膜之间的互动产生影响。这些看起来比较复杂的结构参与了我们身体里不同细胞之间不停歇的对话。棕榈酸介入的正是这种对话。简单地说，就好比某些细胞发送的激素或者神经冲动传送媒介对应着一些加密信息。如果没有附着在细胞膜上的棕榈酸的帮助，收到信息的细胞就无法破解信息。棕榈酸与细胞膜蛋白形成的结合体负责翻译信息，并通过它所在的细胞发出恰当的回应。

饱和脂肪酸（含12至18个碳原子）还可以在我们的身体里通过一种叫作Δ9的去饱和酶被自然地去饱和。在哺乳动物，包括人类的身体里，棕榈酸同样也可以被它的近亲Δ6去饱和酶去饱和。

同样有意思的是，与之前所讲的相反，最新研究表明硬脂酸（含18个碳原子）对胆固醇的新陈代谢几乎没有影响，因为饱和脂肪酸被按照相应比例转化成了不饱和脂肪酸——油酸。但是，其他饱和脂肪酸并非如此。

然而，这种去饱和会干扰肝脏极低密度脂蛋白（VLDL[①]）的分泌。在我们的机体内，这些极低密度脂蛋白负责将脂肪从制造地——肝——运送到它们被燃烧或者储存的组织那里。在医学著作里，这个过程被描述成脂肪生成的至关重要的阶段，运送的脂肪超过一定的量会导致肥胖疾病。[②]

这使得我们开始关注量的概念。确实，虽然脂肪酸会潜在地对健康造成危害，但这绝不等于说含有脂肪酸的食物对身体有害。饱和脂肪酸或者不饱和脂肪酸对我们人体各个部位的正常运行至关重要，主要是控制一定的量。但问题是，在西方国家，人们正生活在一个过量摄入各种食物，尤其是脂肪的时代。

在法国，人们吸收的饱和脂肪酸占每天摄入的卡路里的15%~16%，而世界卫生组织、各种卫生机构和医生建议的理想比例是 8%~10%。从现有的评估来看，减少饱和脂肪酸摄入成为大势所趋，但就像勒格朗和里尤在他们的研究中指出的，这并不意味着需要彻底排除某一类食物。不过，考虑到

---

① 原文为极低密度脂蛋白的英文写法。——译者注

② F. 巴雅尔（F. Paillard）、D. 凯瑟林纳（D. Catheline）、F. 勒杜夫（F. Le Duff）等：《Δ9 去饱和酶：三酸甘油酯血和腹壁多脂症表现中的新因素，营养》（*Δ9-Desaturase, New Candidate Implied in the Expression of Triglyceridemia and Abdominal Adiposity. Nutrition*），《新陈代谢与心血管疾病》（*Metabolism & Cardiovascular Diseases*），2008 年。

某些脂肪酸的细胞功能，最好还是减少它们的摄入量。问题在于来源于植物油的脂肪酸大量被用于工业食品，在很多情况下，我们不可能精确地知道所用的植物油以及产品成分里的脂肪酸类型。

每种脂肪酸的价值不同，因此，从健康角度出发，弄清楚我们摄入的脂肪酸类型非常重要。

需要指出的是，在饱和脂肪酸和不饱和脂肪酸的“决斗”中，工业家对不饱和脂肪酸进行了氢化，使它们具有接近饱和脂肪酸的特性，这些特性在很多产品的生产中大受欢迎（固化的温度、柔滑口感、松脆、较长的保质期等）。不饱和脂肪酸的氢化是通过破坏碳双键得到额外的氢原子，从而获得相当于饱和脂肪酸的物质。然而，这个方法并非没有坏处。除了饱和脂肪酸，它还会产生反式脂肪酸。反式脂肪酸是不饱和的，在自然界中天然存在时，量非常少。大部分不饱和脂肪酸都呈现出“顺式”的形式。两者的区别在于它们的空间构象不同，反式脂肪酸呈线性，顺式脂肪酸则呈弯曲状。这个细节看似无关紧要，但却影响着它们的特性。反式脂肪酸与饱和脂肪酸一样，没有那么稀，融化的温度比较高。自从 1902 年保罗 · 萨巴梯埃发明脂肪酸的氢化工艺以来，它就被迅速地用于食品工业。黄油非常稠腻，反式脂肪酸可以让植物油凝固，用来制造人造黄油。它也被用于制造起酥油，就是糕点中使用的脂肪。它不仅在常温下保持固体状态，还可以长期存储而不氧化。对于当时为了将产品销往国外开始进行长途运输的工业家而言，这些品质具有很大的优势。从20世纪50年代开始，在食品工业（尤其是甜酥面包、工业面包、饼干、熟食、比萨）或者巧克力条制造领域，部分氢化成为常见的做法。但是，就像很多研究揭示的那样，工业反脂肪酸极其危害健康。过度摄入反式脂肪酸与患心血管疾病风险的大量增加密切相关，这种风险是通过增加血液里的低密度脂蛋白（Low Density Lipoprotein）比例而导致的。低密度脂蛋白负责在血液里运送所谓的“坏”胆固醇，它会在血管壁上“卸货”，而高密度脂蛋白（High Density Lipoprotein）则负责在器官（尤其是血管壁）里回收多余的胆固醇，将它们带向肝，肝会将多余的胆固醇分解排出。虽然这些机制显得比较复杂，但这里无须对其进行详细解释，我们只需要衡量它们带来的严重后果。

那么，是否可以说，最好是摄入富含饱和脂肪酸的植物油，如橄榄油或者椰子油，而不是被氢化过、富含反式脂肪酸的油呢？对于排斥动物油脂的人——动物油脂里含有天然反式脂肪酸（量非常少）——和近年来强烈建议消费者用植物油脂代替动物油脂的营养学家、健康机构、其他负责健康的政府机构而言，这个问题提得非常中肯。

但是，还是请放弃含有棕榈油的人造黄油，因为根据美国波士顿塔夫茨大学心血管营养实验室的利希滕斯坦

（Lichtenstein）教授及其团队的研究，这种替代品并不是最佳解决方案。他们在 15 名超过 50 岁的实验对象身上对摄入不同植物油脂的后果进行了评估。一类是经过部分氢化（工业氢化）的大豆油，另一类是大豆原油、棕榈油或者菜籽油。在实验过程中，每种油脂的摄入量都相当于每天摄入的脂肪的三分之二或者 20% 的能量供应。与摄入的大豆原油和菜籽油相比，氢化大豆油和棕榈油导致低密度脂蛋白胆固醇比例增加了 12% 至 18%。因此，这项研究认为，用棕榈油代替反式脂肪酸并不是可取的方案。但是，法国农业研究发展中心（CIRAD）不同意这个结论，阿兰·里瓦尔（Alain Rival）是该中心专门研究棕榈油的农学家，他 2010 年在《地球生态》（*Terra Eco*）杂志上发表了一篇文章对此进行了解释，"棕榈油中含的饱和脂肪酸在消化过程中没有被新陈代谢"。相反，对于法国食品、环境、职业健康与安全署（ANSES）而言，富含天然棕榈酸的棕榈油被过量摄入时会导致动脉粥样硬化或者脂肪块附着在血管壁上。该署的营养和营养风险评估处负责人马尔加里迪（Margaritis）在同一篇文章中认为，用棕榈油代替氢化脂肪，说到底是"饮鸩止渴"——"如果我们为了避免产生反式脂肪酸，但实际上又摄入了其他的饱和脂肪酸，还是会导致动脉粥样硬化。因此，最好还是食用没有经过氢化的菜籽油制成的饼干，它含有的饱和脂肪酸比较少。"

正如法国雷恩生化营养实验室的樊尚·里尤告诉我们的

那样，食品本身没有害，关键在于量。如果只作为多样化饮食的一部分，一块压缩干粮或者一包薯片中含有棕榈油这件事本身没有问题。但是，由于各种原因，食品的供应越来越失衡，工业食品在食物供应中占据着主导地位。我们面对的是极大丰富的含有氢化脂肪或者棕榈油的食物，这使得我们同时摄入了导致动脉粥样硬化的脂肪酸和过量的有害身体健康的物质。

肥胖：全球化的流行病

法国食品卫生安全局（AFSSA）曾在2010年发布的新闻通告中宣称，“法国人饱和脂肪酸摄入过量（平均占摄入总能量的16%，而标准的营养摄入量要求低于12%）”。目前，通告指出的问题仍然存在，这是有目共睹的。脂肪酸的每日推荐摄入量为人体每天摄入总能量的8%~10%，但在法国，这个数值几乎翻番，欧洲亦是如此。[①]脂肪超标是因为饮食中的卡路里越来越高，这些卡路里来自食物的热量比重过大，以及糖分和脂肪的过量。对于一部分人来说，加工和摄入的食物中的糖分和脂肪在一天中无时不在。在欧洲，快餐的消费量暴增，美国更甚。饮食的变化和大农业食品公司生产的高卡路里产品的扩散，与肥胖症的流行有直接关系。正如记者格力高·科里斯特在调查中提到的，20世纪60年代至70年代，美国每年新增约250家快餐店和制糖厂，80年代这个数字增

① 参见http://www.eufic.org。

加到1000家，[①]90年代初再次翻倍达到2000家[②]。但被众多专家称为"肥胖症流行病"的流行，不仅仅是因为快餐店的激增和一日三餐习惯的改变。

快餐、汽车餐厅和过量卡路里

外卖食品自古就有，在不同的年代和国家，流动小贩会售卖圆面包、蜂窝饼、可丽饼、浓汤、点心、炒面以及一些简单的菜，但这种餐饮形式在二战后得到大规模发展。由此一个新词——快餐——诞生了，并在1951年被录入词典。从此，大城市及周边开办的快餐品牌不计其数。1860年，英国兴起拖网捕鱼，著名的"炸鱼薯条"随之无处不在地发展起来。在这之前，快餐都是小贩流动叫卖和手工烹制的，但是，这之后的快餐形式与这种在街角或者是有篷小推车里准备的简餐已经相去甚远。快餐如今发展成为无处不在的跨国企业，从冰岛到巴布亚新几内亚，再到美国、非洲中部，甚至中国。

---

① 格力高·科里斯特：《脂肪之乡：美国人是如何变成世界上最胖的民族的》，美国海员图书公司，2004年。

② M.A. 麦克罗力（M.A. McCrory）、P. J. 富什（P.J. Fuss）等：《食物群里的饮食种类：与男性和女性能量摄入和身体肥胖的关系》（*Dietary Variety within Food Groups : Association with Energy Intake and Body Fatness in Men and Women*），《美国临床营养学报》（*American Journal of Clinical Nutrition*），1999年，第69期，第440—447页。

在中国，甚至连长城上和紫禁城里都曾飘荡过知名品牌或产品的太阳伞和彩旗，如可口可乐和麦当劳。

美国在快餐业里遥遥领先，因此它具有世界上最高的肥胖率绝非偶然。加剧卡路里摄入和消耗之间的能量失衡——这种失衡导致身体质量指数的大幅增长——的因素有两个：一是身高的比重大幅增加（使得每天摄入的卡路里激增），二是过于安逸且倾向于尽可能地限制体力消耗。汽车成为必需品，它在两次世界大战期间的普及使它曾经带来的好处发生了深刻变化。汽车不能去适应城市和城市周边环境，而这些环境却适应了机动车。汽车快餐应运而生。它最开始是在20世纪30年代为一家银行创立，之后不仅在快餐品牌中，而且在药店、邮局中广为传播，甚至不合习俗地出现在殡仪馆或者小教堂中——人们可以不用下车就能结婚。这使得活动量减少。按理说，卡路里摄入也应该减少，但实际上它却大量增加。食品工业发明了“超大份”（supersizing）[①]，美国的消费者面对它们的市场营销毫无招架之力。为了刺激产品消费，快餐店增加食物分量，采用“超值套餐”模式，里面包含一

① 格力高·科里斯特：《脂肪之乡：美国人是如何变成世界上最胖的民族的》，美国海员图书公司，2004年；《超大号的我》（*Super Size Me*）是摩根·斯普尔洛克（M. Spurlock）2004年执导的电影。它是一部讲述肥胖的电影，抨击了食品加工业。

个汉堡、一份薯条和一大杯含糖饮料（如汽水）。以麦当劳为例，20 世纪 60 年代，一份薯条含有 200 卡路里，70 年代是 320 卡路里，90 年代中期达到 450 卡路里，如今是 610 卡路里。

采取这种营销策略的原因何在？因为与薯条和汽水相比，人们最喜欢买的汉堡的边际利润比较低，不是特别有利可图。如果给它设定一个有吸引力的价格，消费者就会优先购买“套餐”，因为他们认为这样比较划算。这种“以多换少”促使人们消费更多，增幅蔚为可观。随着厄尔·布茨与马来西亚达成的协议，棕榈油进入美国，果葡糖浆被越来越频繁地使用，这两种廉价的产品促进了上述做法。

我们的胃具有伸缩性，能够适应食物摄入量的变化，这使得食物和饮料的摄入增加两倍多成为可能。这种如今在西方世界看来不合时宜的生活方式，在我们人类共同经历的采集狩猎时期却别有意义。就像我在喀麦隆与巴卡人（Baka）一起工作时看到的那样，他们的生活方式不需要囤积食物和计划三餐。我们可能保留了这种古老的生活方式，仍将食物视为稀缺资源。匹斯堡大学流行病学专家在美国黑人低收入人群中进行的研究显示，甚至西方国家很多人仍是如此。[1]

从遗传学来说，我们的身体被设定了储存脂肪的功能。这种理论，也就是节约基因论，是由遗传学家詹姆斯·尼尔（James Neel）提出的。他认为，在食物丰富时期，我们的基因会让我们大量摄入食物，以脂肪的形式储存能量。尼尔的理论超出了事实依据的支撑范围。根据他的解释，一种基因突变导致了能量储存失调，因此我们的身体不仅储存了脂肪，还储存了糖原，这使得节约基因变成了抗胰岛素酶基因。由于我们的身体无法良好运转，就会出现糖尿病和肥胖病的趋势。这种理论和假设受到了批评和拒绝。牛津大学的一个研究团队最近发现：即使存在体重超重和肥胖的基因因素，就像这种被称为肥胖基因（FTO）的基因发生突变，这些因素也不能从整体上解释肥胖病的流行。因为在近二十到三十年间，我们的基因没有经历突变，即使这种基因受到怀疑，也仅仅是在少数情况下。罪魁祸首在别处。

廉价且高热量的食品大量出现，再加上不活动，直接导致了肥胖流行病肆虐美国及其他众多国家，14 亿超过 20 岁的

① S. Y. 吉姆（S. Y. Kimm）等：《种族、社会经济地位与 9~10 岁女孩的肥胖：NHLBI 增长与健康研究》（*Race, Socioeconomic Status and Obesity in 9 to 10-year-old Girls : The NHLBI Growth and Health Study*），《流行病学年鉴》（*Annals of Epidemiology*），1996 年，第 6 卷。

人患有这种疾病。此外，脂肪酸和糖分的过量摄入增加了肥胖人群患Ⅱ型糖尿病、高血压和很多心血管疾病的风险。一般来说，死亡率也会因此增加。超重和肥胖成为全球引起死亡的第五大风险因素，每年至少有280万人死于超重或肥胖。根据世界卫生组织的统计，44%的糖尿病、23%的缺血性心脏病、7%至41%的癌症都是由体重因素引起的。虽然这种流行病涉及的主要是富裕国家，但主要受害者却是最贫困的人群和少数种群，很多研究如匹斯堡大学流行病专家进行的研究都揭示了这一点。法国罗纳-阿尔卑斯大区人类营养研究中心（CRNH Rhône-Alpes）主任玛缇娜·拉维尔（Martine Laville）教授告诉我，收入与肥胖症之间的密切关系在所有对西方国家进行的研究中都得到了证实，但在贫穷国家或者发展中国家，这种关系被颠覆了，那里的肥胖症主要集中在最富裕的群体（尤其是中年女性）中——他们很容易在外就餐，因此容易接触到西方食物，并且经常性地使用汽车，而汽车是穷人所无法承担的奢侈品。另一个不同之处是，在收入比较低的国家，中年女性成为最容易患肥胖症的人群；在富裕国家，所有的年龄段和性别，尤其是儿童和青少年，都受到肥胖症的波及。世界卫生组织的数据显示，在35个工业化国家里，有4200万5岁以下的儿童体重超重。

为什么在富裕国家最贫穷的人群最容易患肥胖症？这个问题有多重答案，不仅与个人行为有关，还涉及社会和基础设施。在个人层面，如果想花钱少，又能填饱肚子，还有比选择价格低廉的 XXL 号快餐套餐更好的方法吗？但是，如果个人行为应当受到指责的话，在作出任何评判之前，我们应该自问留给他们的选择有哪些：在市场购买新鲜食材，自己加工？这个解决方案看起来简单，但存在几个问题。首先是价格，怎么才能以购买一个麦当劳巨无霸的价格，也就是 3 欧元，获得相同的热量？确实，可能性是存在的，但实际上，那些群体无法从他们所在的街区获得高品质的新鲜食材。好几个相关的研究都证实了这一点。我们面对的环境是不公平的，一些研究显示，糖分和脂肪酸的摄入尤其会增加儿童和青少年患肥胖症的风险。[①] 学校附近出现的快餐店、饮料和其他小吃，使患肥胖症的危险增加了 5%。蒙特利尔大学的研究人员伊恩 · 盖斯坦（Yan Kestens）和马克 · 丹尼尔（Mark Daniels）列出了一幅本市快餐店的分布图。在 45% 的情况下，学生可以在距离学校不到 500 米的地方找到一个快餐店（在魁北克也被称为“一分钟餐馆”）；在 75% 的情况下，学校方圆 1 公里内有三家快餐店。除此之外，还要加上直接设在学

① B. 达维斯（B. Davis）、C. 卡朋特（C. Carpenter）：《学校周边的快餐店与青少年肥胖》（*Proximity of Fast-food Restaurants to Schools and Adolescent Obesity*），《美国公共卫生杂志》（*American Journal of Public Health*），2009 年，第 99 卷，第 3 期，第 505—510 页。

校里面的零食和饮料自动售卖机，这种比较成功的做法是从欧洲引进的。在美国，学校允许在校园里设立听装饮料自动售卖机。作为交换，学校会收到一笔佣金，40% 的学校会接受这个交换，其中私立学校的比例高于公立学校。2003 年，加利福尼亚发起了一项禁止在小学设立自动糖果售货机的运动，但未能成功——因为无论是对于学校还是饮料企业，自动售货机产生的利润都非常可观。

除了这份关于快餐业优先选择学校周围作为目标的报告，还有哥伦比亚大学和伯克利大学的研究者得出的让人更加困惑的结果，即贫困街区的快餐店数量要多得多。加米尔·布夏尔在《贫困的分量》一文中指出："环境的不公平明显不利于平民阶层孩子的健康，这是纵容、缺乏警惕性或者对我们生活阶层划分中的不可饶恕的不公正造成的结果。"看看您的周围，您会发现快餐店，无论是什么品牌，都相对集中在贫困街区和郊区。加米尔·布夏尔补充道："在我们的年轻人中间提倡良好的饮食习惯还不够，还要重新考虑社会赋予他们的生活环境。因此，首先要重新审视城市区域划分规则，在贫困儿童和富裕儿童之间建立真正的平等。相对于西山区的年轻人，奥什拉加-麦松纽威区[①] 的年轻人更容易

① 西山区和奥什拉加-麦松纽威区都是加拿大蒙特利尔市的街区。

被一个热狗、一份魁北克肉汁奶酪薯条或者一杯汽水诱惑，有什么理由可以对此作出最佳解释？他们的生命分量更轻吗？还是西方城市为了农业食品公司的利益将《渥太华宪章》（*Charte d' Ottawa*）抛诸脑后？”①

《渥太华宪章》制定于1986年，旨在让个人更多地掌控自己的健康，赋予个人更多改善健康的资源，以期到2000年或者之后实现人人享有均衡饮食。为了拥有健康的必不可少的条件中出现了四个字：合理饮食。宪章同时还提倡创造良好的环境和制定健康政策，原话如下：“这是一项协调行动，旨在制定健康、财政和社会政策，促进更多的平等。共同行动可以提供资金和更加可靠、更加健康的服务，以及公共服务——进一步促进健康和更加干净、舒适的环境。”

从前面的研究和我们自己熟悉的国家来看，签署了该宪章的国家压根就没有遵守它，其中就有美国、加拿大、法国和很多其他国家。

有些城市冒着引起愤怒和质疑的风险实施了在全国层面无法实施的政策，如洛杉矶市政府委员会最近通过了一项条例，禁止在50万贫困人口居住的80公里的区域内新开快餐店。这是带有“家长制统治”性质的措施？抑或是势在必行？

① 加米尔·布夏尔（Camil Bouchard）：《贫困的分量》（*Le poids de la pauvreté*），《魁北克科学》（*Québec Science*），2011年4月5日。

"低成本"食物不久之后就会像烟草那样被标上诸如"吃薯条严重危害健康"的标语吗？洛杉矶的这种禁令并非首创，以前出于审美、经济或者环境因素的考虑也出现过，但这次禁令在洛杉矶被一致表决通过却是基于健康原因。如果您从未去过美国，您就想象不到各种快餐席卷美国民众已经到了什么地步。限制开设新的快餐店固然有益健康，但前提是同时要鼓励以合作和团结的形式开设能够提供更加平衡、更加健康的食物的商店，如食品杂货店、蔬菜店，目的是确保最贫困的人群能以合理的价格获得这些食物。

肥胖症与"垃圾食品"和许多敏感人群过度摄入卡路里有关，鉴于这些令人忧心的结论，一些亟待解决的问题出现了，尤其是针对儿童来势凶猛的垃圾食品广告。关于这一点，美国在学校放学时播出的电视节目很能说明问题。阻止肥胖症并非易事，因为这涉及很多方面，但停止或者减少来自汽水、工业点心及其他零食的广告数量是当务之急且意义重大。同时，在学校和各种公共场所减少甚至取消这些产品的自动售货机，以及制定关于这些产品售卖的规章制度（如电影院），多措并举，多管齐下。贪吃是罪吗？这个问题不重要，为了不让负罪感阻止你去买第二份堆得满满的、油光闪闪的、甜甜的爆米花，爆米花的桶会变得更大，上面的图案也会专门针对青年群体。世界卫生组织的报告中指出，尽管从薯条到零食甚至汽水都被列入应当适量消费的食品之列，但它们仍然是广告宣传最多的产品（1997 年，这些产品在美国的广告费用达 110 亿美元）。[1] 从这份咨询报告中，我们可以看出这些有目标且来势汹汹的市场营销策略与儿童肥胖症之间的关系，因而这份报告将对这些问题的干预视为首先要解决的部分。但是，尽管不同的报告、研究、观察都提到这一点，事情却并没有任何变化。只有严格的条例规定和根本性的变化才能将这种趋势扭转，让人们真正重视肥胖症的严重性。与乔治 · W. 布什鼓吹的个人对健康问题负责的时代相反，农工业企业才是应当首先受到指责的，它们应当首先彻底改变行为方式。

如今这些企业每天为每个美国人生产 3800 卡的食物（欧洲人稍微低一点），比三十年前多出了 500 卡，比我们实际需求高出约 1000 卡。人们的活动量并没有按照食品企业的业务、财务预测和利润预测曲线发展的节奏增加，我们被诱惑吃得更多，比以前多得多。现在不仅是消费者，国家也在为这些跨国公司的贪婪付出代价，因为肥胖症加重了发达国家的健康预算负担。如今，发展中国家也是如此。

虽然说脂肪酸和棕榈酸本身不会对健康带来危害，但是，过度摄入它们会带来问题，因为我们摄入的量超过了每天的

---

① 《饮食、营养与慢性疾病的预防》（*Diet, Nutrition and the Prevention of Chronic Diseases*），世界卫生组织（OMS），2003 年。

正常需求量。除了前面提到的规章制度，重要的是还应该使食品的营养标签对于消费者而言更加精确和中肯。不是说在一个已经密密麻麻的标签上加上若干行字，而是要确立一个精确、清楚、完整的体系。在日常消费中尝试限制、甚至禁止棕榈油的人发现这很难，甚至不可能——就像阿德里安·贡蒂埃（Adrien Gontier）那样，这个年轻的地球化学家在一年间坚持追踪所有含棕榈油、棕榈仁油或者它们的众多衍生物中的一种，尝试不去碰备受争议的棕榈油[①]。法国食品部的统计数据显示，2008年，每个法国人摄入了约2公斤棕榈油，相当于每天5.5克。

从“鲸蜡醇棕榈酸酯”“棕榈酸酯钠”“十六烷二酸”等这些五花八门的名称联想到油棕确实不太容易，除此之外，还要善于找出隐藏在各种含糊的修饰语——用来形容充斥食品柜台的植物油——下面的油棕。实际上，按照欧盟1990年9月24日关于食物营养标签的第90/496/CEE号指令，如果涉及植物油混合使用的话，不强制规定制造商详细区分各种植物油。这就是为什么比萨饼、生面团、工业糕点、压缩干粮的盒子或者面包酱罐子上几乎都是“植物油”或“植物油脂”这种粗略的名称。2011年10月，这项指令得到修改，关于

① 参见 http://www.vivresanshuiledepalme.blogspot.fr。

植物油和油脂的营养标签没有变化，唯一作出修改的地方是：氢化——无论是整体或者部分氢化——必须被标出，还有精确的营养信息（饱和脂肪酸的量）也应该被标出。但是，消费者摄入的脂肪来自哪种植物，却还是无从得知。

3

破坏森林的油棕

婆罗洲

不久之前，“婆罗洲”这个名字还让人想到宏伟广袤的森林，那里充满了有关动物的多彩故事，代表着一种神秘和一腔梦想。后来，这个岛的地理情况发生了剧变，一望无际、整齐划一的单调作物代替了繁茂的森林——那里曾经汇集了传说与恐惧。这就好比法国的博斯（Beauce）平原开启了油棕树模式之后，丰富的生物多样性也消失了。

对一个努力实现经济自给自足的国家，我们有什么资格泼冷水呢？诚然，很久以来，“老”欧洲为了农业和造船业牺牲了它的森林，所以它没有资格教训别人。但是，当我们开始大肆开荒——也就是进入了新石器时代，甚至持续到中世纪——我们对于森林的作用和生态系统的复杂性又有什么了解？几乎一无所知。我们那时知道森林对于全球气候肩负着重要使命——调节气温、水汽循环、消除污染吗？也许我们对森林蕴含的巨大财富只有一知半解，如药材、种子、果实、树皮、各种不同用途的树种。但是，对于其他部分，即使我们偶尔有一些想法，本质上仍然属于经验论。就像19世纪的水和森林保护专家路易·塔西（Louis Tassy）所言，看到泥石流爆发、羊圈坍塌和洪水暴发，“人类想要的是田地和草场，而不是树林……然而大雨突至，冲毁了田地和草场”[①]，科尔贝[②]1669年颁布的法令为最初尝试森林管理奠定了基础。虽然森林生产木材，因此成为法国经济的重要一极，但人们也开始意识到它为气候和抵抗土壤侵蚀带来的好处，尤其是在地方层面。因此，从那时起，植树造林得到极大的鼓励。但在法国，这未能阻止与森林衰退直接或间接相关的各种气候灾害发生，因为新兴的工业时代需要砍伐树木来开采煤矿（而不是以前的木炭），尽管在一段时间内也需要让森林繁茂生长。

与此同时，人类与森林的关系发生了深刻的变化。森林成为“旧世界”，它见证了人类那些令人感到尴尬的所作所为以及试图遗忘的采集狩猎者的历史，它被从我们的生活中驱逐，让位于现代化和与其相关的技术。哲学家米歇尔·翁弗雷（Michel Onfray）告诉我：“森林见证了我们的所作所为，即我们自从自然宗教（拜物教、多神教、泛神论）被文化宗

① O.努加尔德（O. Nougarède）、R.拉莱尔（R. Larrère）：《森林与人》（*Des forêts et des hommes*），伽利玛出版社（Gallimard），1993年。

② 科尔贝（Colbert，1619—1683），路易十四时代著名的财政大臣。——译者注

教（基督教的一神论信条）取代以来的变化。在原始社会，文化是一种与自然（包括森林）和谐相处的生活艺术，后来变成了与自然作对的生活艺术。森林被我们抛诸脑后，取而代之的是文明、技术和城市。世间的神性、大自然的内在性和大自然中的诸神以及神圣的大自然，并没有将人与自然分开。事实上，人是自然的一部分。但在犹太教和基督教那里，神性被抛诸至后世和彼世。大自然就这么成为罪恶之地、过失之地。”

我们从一个充满神话色彩的魔法森林（其中有强盗、隐士、巫婆和仙女）进入了一个充满理性、井然有序的森林。未经开发的一块原始之地要么被开发，要么被夷为平地，这分别是最好的和最坏的结果。正是因为如此，喀麦隆的俾格米—巴卡人（Pygmées Baka）被剥夺了他们居住了五千年甚至更久的土地。根据喀麦隆 1974 年颁布的森林法，只有能够证明不仅拥有土地而且还能开发土地的人，才能获得土地所有者身份。但是，按照这种标准，巴卡人保护森林、维护纯野生的山药园的可持续发展生活模式并不能得到优待，按照这种原则被废弃的森林和土地必须被开发。因此，通过常见的为期若干年的特许权制度，这些土地被转让给森林开发企业，改造成橡胶或油棕种植园。

回到我们最初的问题上来：我们是否有资格去批评一个世纪以来变本加厉地破坏热带森林的行为？自从 1669 年科尔

贝法令（*L'ordonance de Colbert*）在欧洲颁布以来，事情发生了巨大的变化。得益于技术和新方法，生态学、气候学和很多其他科学门类得以诞生并发展起来，为我们更好地全面了解生态系统及其运行，以及它们在全球范围内发挥的作用打开了大门。森林与气候密不可分，失去森林的覆盖对局部地区和全世界都会产生影响。如今我们不能再装作一无所知，为了利益或者为了过度消费的社会对原材料的需求继续毁坏森林。但是，在新加坡金融区的摩天大楼上仍矗立着号召路人去投资棕榈油的巨幅海报，宣称这是一个很有前景的行业，发展得一帆风顺并且利润有保障。

面对非政府组织和众多科学家对油棕种植所带来的影响的猛烈抨击，棕榈油企业和生产国通过声势浩大的广告宣传和其他资料进行了反击，鼓吹油棕在社会和环境方面的重要性，有些甚至夸张到去起诉那些敢于通过新闻报道批评他们所作所为的媒体。如果说面对棕榈油，森林的节节败退显得不可逆转，那么，面对越来越多的研究，该如何看待经济方面的论据呢？油棕所到之处真的会带来经济发展，抑或是腐败得以从中受益？热带是油棕喜欢的生长之地，在那里的很多国家，腐败也很容易滋生。在这种消除贫困的新方法的热潮中，到底谁才是真正的受益者？

权威刊物《自然》（*Nature*）2012 年 7 月 5 日刊登的文章中写道：“棕榈油在一段时间内曾被视为社会和环境的灵丹妙

药——可持续发展的粮食作物、有助于减少温室效应气体排放的生物燃料、让小农业经营者摆脱贫困的解决方案。近年来，愈来愈多的研究对这些论断提出了质疑，提出的证据包括油棕的种植导致森林被毁、生物多样性减少，以及使用棕榈油作为生物燃料在应对气候变暖方面带来的好处微不足道。但是，尽管棕榈油带来的环境问题越来越多，棕榈油生意却得到了前所未有的扩张。”

向森林大火上浇“油”

（在印度尼西亚）相当大比例的森林火灾都是由开垦土地的行为引起的，为了给以后的种植腾出地方，植被被纵火烧毁。[①]

——法国发展研究所（ICRAF），1997 年

1997 年，为了完成在巴黎国家自然历史博物馆做的生物学论文，我正在准备我的第一次婆罗洲之旅（加里曼丹岛东部）。那时我还从未听说过油棕，也有可能是我没有注意过。为了赶在旱季结束之前到达，我计划在 10 月底出发，但就在这时我收到了当地接待我的研究中心的消息：那里爆发了森林大火，火灾严重到能见度不足五米。滚滚浓烟滋生的速度非常快，形成了巨大的规模，以至于波及菲律宾、新加坡、

① 参见 http://www.fao.org/forestry/17649-086b69f51b9bdb4ae39e32be08d52c1f5.pdf, p.7。

斯里兰卡和澳大利亚北部沿岸。天气异常干燥，加上厄尔尼诺现象带来的气候异常使得火势越来越猛，无法扑灭。虽然十一月短暂的雨季使火势有所减缓，但是，1998 年初旱季的再次到来使得大火再次燃烧起来。季节性气候异常完全承担了这场环境惨剧的责任，真是理想的替罪羊。将近 800 万公顷的森林、荆棘和农田被付之一炬，其中有 500 万公顷位于加里曼丹岛东部——我要去的地方。这次大火也成为近两个世纪以来最大的环境惨剧，在被浓烟波及的整个地区引起了无数的呼吸问题，导致去医院的人数破了历史纪录，还有许多被大火夺走住所和资源的民众。厄尔尼诺现象真的是应当为这场灾难负责的唯一原因吗？

按照达雅克人[①]的原话，“这些大火并非从天而降”[②]。大火爆发的原因引起了很多争议，要么含糊其词，要么认为是疏忽、失误所致。首先受到指责的是在火烧地上耕作的小农业经营者。在婆罗洲的很多地区，自古以来都存在着混农林业，也就是说森林里散布着小块土地，对它们采用交互种植

---

① 达雅克人是对印度尼西亚马来西亚岛上不同原住民族的统称，包括托拉查人、根雅人、伊班人或加央人。

② C. 戈内（C. Gönner）：《森林大火的原因与影响：印度尼西亚加里曼丹岛东部案例分析》（*Causes and Impacts of Forest Fires : A Case Study from East Kalimantan, Indonesia*），《国际森林火灾消息》（*International Forest Fire News*），第 22 期，2000 年 4 月。

的方式来保证周边森林的再生。与混农林业耕种的总面积相比，这些土地的面积非常小，因此森林再生相对容易。很多这种“林间空地”毁于1997年至1998年的大火，给当地村庄的经营者带来了巨大的损失。因此，对这些传统农业经营者的指责属于无知和荒谬。他们还是1997年底率先没有通过传统火烧地来准备土地的人，当时干旱使得地面开裂，植物一折就断，正是因为如此，他们知道一旦点火，火就会无法控制，会损毁周边数以千计的林间空地。此外，正如戈内在他的研究报告中指出的，当地的习惯法规定，损毁这些林间空地将被处以巨额罚金，因此没有农民敢去冒这个险。在干旱的情况下，通过火烧森林的方式来准备耕种用地从而引起大量林间空地被毁，这样的火灾案例在这个地区只有一例。虽然有一部分起火很可能与小事相关，比如，出于疏忽将还在燃烧的烟头丢弃，但是，1997年至1998年的森林大火绝大部分都应该直接或间接地归咎于另外一个原因——油棕树。

有意思的是，在1982年至1983年，最近一次大的厄尔尼诺现象时期，并没有森林大火，至少很少。在那个时期，不存在任何棕榈油经营公司，这两者之间难道纯粹是巧合吗？

在印度尼西亚，森林被开采，改造成常年种植经济作物，如橡胶、油棕、相思木等速生纸浆林[1]。这种现象并不是最近才出现的，而是始于20世纪初。当时欧洲的天然橡胶需求量因为新兴的汽车工业而变得越来越大，为了满足欧洲的需求，印度尼西亚开始种植橡胶树。从20世纪60、70年代开始，在法律对土地进行重新分配的基础上，这些作物的种植开始扩张。这种重新分配有损当地民众的利益。国家承认小块土地的习惯法，前提是它没有为这些土地规定用途。因此，根据国家制定的政策，国家强调它的“王权”，并且必要时可以收回土地并将它们划分给各种项目，如种植业。在印度尼西亚1960年颁布的土地法中，我们可以看到如下规定：“土地方面，采用习惯法，前提是习惯法不得违反民族和国家利益。”[2] 区区几个词就足以说明这个国家自20世纪70年代以来土地地位的变化，关于土地用途的冲突随之来临。

土地用途的冲突滋生了报复的情绪和行为，戈内也指出了这一点。在与当地村民的交谈中，他多次注意到希望将土

---

① 速生纸浆林是指种植生长速度快的树木，用于生产纸浆。根据国际森林研究中心（CIFOR）的统计，全世界约有1000万公顷速成林，每年约有100万公顷的土地被变成速生纸浆林。

② P. 勒旺（P. Levang）:《对面的土地》(*Tanab sabrang*)，载《印度尼西亚的迁徙：受限的农业政策的连续性》(*Transmigration en Indonésie : permanence d’une politique agraire contrainte*)，国立高等农学院蒙彼利埃中心（ENSA Montpellier），1995年。

地出让来大片种植油棕换取补偿的村民与那些反对这种做法的村民之间的冲突。将顽固分子的土地付之一炬并转让土地获得补偿的决定得到了一致同意，因为他们的收入来源在大火中消失殆尽。有一些在火灾中失去林间空地的人纯粹出于妒忌，故意将邻居没有被大火波及的土地烧毁。“如果我失去了土地，那么他们也必须失去他们的土地。”——戈内经常听到这些话。但是，卫星地图分析和大量的证据显示，这个地区和婆罗洲其他地方的大部分森林大火都是来自棕榈油企业。1997 年至 1998 年间，50%~80% 的大火都可以归结于油棕种植的激增。同样，2002 年的卫星地图显示，油棕种植特许经营区内 75% 的着火点已经死灰复燃。超过 176 家公司被认为应该对这些着火点负责。然而，尽管大火在环境和人道方面（数万人因此住院治疗，而且至少相同数量的人失去土地，被迫背井离乡）造成了惨重的后果，但政府没有采取任何措施。这些针对环境的犯罪不仅没有受到惩治，而且每逢旱季到来之时还一再重演，目的是以更低的成本毁坏森林，为油棕种植腾出土地。

除了这些间接证据，还有来自研究人员和目击证人的直接证据。他们看到油棕种植工人故意在次生林和林间空地上放火。关于次生林，在有些情况下，它们属于国家特许经营区的一部分，本来应该在几个月后才被种植油棕。通过放火焚烧，采用所谓“零焚烧”（zero burning）[1] 技术，就可以省掉因准备土地而产生的高额时间和金钱成本。“零焚烧”技术得到棕榈油可持续发展圆桌会议（La table ronde pour L'huile de palme durable，英文简称 RSPO）的推崇，被誉为“环境友好型”技术，因为它不会造成上千吨二氧化碳在大气中的排放。但是，这个名称有点言过其实，因为这项技术不能阻止森林被改造成种植园，只不过是换了一种做法罢了。

另一方面，戈内提到了其他行为——通过烧毁林间空地来减少给村民的土地补偿金。这种做法通常是出于经济目的，并没有得到种植园管理层的支持。因为那些负责与当地居民谈判的助理们掌握着一定数额的由管理层拨付的资金，烧毁他们想要兼并的土地，就能把节省下来的、本应属于土地所有者的钱放进自己的腰包。

就像 2012 年 7 月的《自然》杂志和其他很多科学文章指出的那样，不管是在印度尼西亚还是其他地方，油棕的出现总是伴随着森林砍伐。尽管马来西亚已经没有那么多可以开

---

① L. 辛德勒（L. Schindler）:《印度尼西亚大火与 1997—1998 年东南亚烟雾：回顾、危害、原因与必要措施》（*The Indonesian Fires and Southeast Asean Haze 1997/98. Review, Damages, Causes and Necessary Steps*），亚太地区，跨境大气污染专题讨论会（Asia-Pacific Regional, Workshop on Transboundary Atmospheric Pollution），1998 年 5 月 27、28 日，新加坡。

发出来种植油棕的土地，因为绝大部分森林都在 1985 年至 2000 年间[①] 被改造成了种植园，但这仍未能阻止企业继续扩大他们的地盘。由于当地缺乏可供种植的土地，他们将种植园转向了柬埔寨、印度尼西亚或者非洲中部。因此，全球最著名的企业之一——马来西亚土地发展局全球创投控股公司（Felda Global Ventures）在 2012 年以 32 亿美元的资本作为继脸谱网（Facebook）之后的最大集资规模的新股上市，并将投资数千公顷的新种植园，目标是公司业务在未来的八年间增长七倍。当时，它在马来西亚拥有约 35.6 万公顷的种植园，还通过合资公司的方式在印度尼西亚的婆罗洲经营着约 5.6 万公顷土地，以及约 50 万公顷的小规模种植园。它还计划再收购 15 万公顷的土地，在印度尼西亚、缅甸和柬埔寨种植油棕树，希望借此成为全球棕榈油领军企业。但是，世界自然基金会（WWF）的油棕专家鲍里斯 · 佩腾特瑞杰（Boris Patentreger）认为，对于像马来西亚土地发展局全球创投控股公司和森那美这样的马来西亚公司而言，“对马来半岛和其他地方，他们有着自己的政策。虽然对于‘零焚烧’政策，他们态度认真，但真正的利益关系却在其他地方，如加里曼丹

① 在此期间，马来西亚 87% 的毁林行为都是因为油棕的扩张所致，该国成为全球最大的棕榈油生产国，不久前刚被印度尼西亚超过。

岛、利比里亚。为减轻环境问题和社会影响所采用的方法[①]，因地区、国家而异”。

印度尼西亚的情况尤为突出，1990 年至 2010 年间棕榈油行业发展迅猛，用于油棕种植的土地增加了 6 倍，增长比例创世界纪录。就连巴西的大豆种植在印度尼西亚油棕面前都黯然失色。90% 的增长都集中在婆罗洲和苏门答腊岛上（尽管后来扩展到印度尼西亚的巴布亚省和西巴布亚省，后者以前被称为伊里安查亚省）。婆罗洲和苏门答腊在此期间失去了超过 40% 的平原森林（相当于森林总面积的 60%），森林被毁与油棕的扩张密不可分。[②]然而，这种平原森林拥有巨大的碳储量，因为它们都是泥炭森林，树木扎根于好几米深的土壤中，土壤是由经过了 1000~7000 年的时间变成化石的植物残渣构成。这些泥炭再经过一段时间就会变成煤。在这

---

① 这些方法主要包括高保护价值森林，不仅要确定高保护价值即森林管理委员会在森林的可持续性管理框架内提出的原则，还有相关区域管理选择的定义和实施，限制新的树木种植，以及遵守“自愿和事先知情同意”（FPIC）原则，即尊重当地人民的权利，对涉及他们土地的项目要征得他们的同意。

② K. M. 卡尔森（K. M. Carlson）等：《西加里曼丹油棕种植扩张带来的碳排放承诺、砍伐森林与集体土地转变》（*Committed Carbon Emissions, Deforestation, and Community Land Conversion from Oil Palm Plantation Expansion in West Kalimantan*），《自然科学院学报》（*Proceeding of the Natural Academy of Sciences*），2012 年，第 109 卷。

些土地上放火就相当于点燃了一个巨大的锅炉，土壤里的碳和泥炭使得这个锅炉可以持续燃烧好几个月。美国耶鲁大学的 K. M. 卡尔森研究团队指出，仅 2007 年至 2008 年这一年间，油棕就直接导致了 27% 的森林衰退。这还只是相当于印度尼西亚领土面积的 4%，但根据预测，2020 年前后印度尼西亚 40% 的领土将会变成油棕种植地。这个数据的增长体现了全球棕榈油需求的猛增——近十年来，每年增长 230 万吨。马来西亚提供了需求增长量的 30%，印度尼西亚供应量高达 62%，剩下的部分由科特迪瓦、尼日利亚等其他国家供应。[①]

在印度尼西亚吉达邦地区（Ketapang），超过一半的土地被泥炭森林覆盖，但是，2011 年，就在关于这些区域保护的开发禁令颁布前夕，61% 的油棕特许经营土地被划定在这个地区。也就是说，尽管禁令已经被签署，但这些地区仍然被用于油棕种植。这让人想起了本书前言中提到的特里巴原始泥炭森林，延迟开发的禁令被践踏，高环保价值的森林和广阔的泥炭地被改造成种植园。这不仅会给生物多样性带来问题，还会给气候带来不可忽略的影响。因为就像 2012 年 10 月 7 日的《自然气候变化》（*Nature Climate Change*）杂志所强调的，印度尼西亚为了种植油棕而砍伐森林的行为正在成

① 数据来自美国农业部对外农业局，参见http://www.fas.usda.gov。

为碳气体排放的重要来源。预计在2020年前增加的油棕种植面积意味着将要向大气中排放5.58亿吨二氧化碳，这比加拿大全国化石能源燃烧所导致的温室效应气体排放还要多。虽然在这个数据中，有相当一部分来自违法焚烧森林的大火，但“零焚烧”技术对温室效应气体的排放也不无影响。这些泥炭森林被夷为平地，在种上油棕之前会被抽干水分，而一旦没有了植被，泥炭森林直接暴露于空气中，泥炭土壤就会发生氧化，并将土壤中蕴含的碳释放出来。土壤的氧化是一个漫长的、持续的过程。因此，我们正在打开潘多拉魔盒：泥炭土壤一旦被破坏、打开、吸干水分，它就会变成真正的“气候炸弹”。

2010年，因油棕种植面积增加而导致的森林破坏产生了1.4亿吨二氧化碳的排放，相当于2800万辆机动车排放量之和。这些创纪录的数据使得印度尼西亚跃居全球温室效应气体排放国家排名的前列，仅次于美国和中国。

一组研究人员专门对不同类型的生物燃料作物（如麻风树、大豆、油棕）的种植欠下的“碳债”进行了研究。他们以这些作物的生长周期和减少温室效应气体排放的潜力为基础，计算出这些作物还清“碳债”需要的年数，这些“债务”是由种植导致的土地用途转化引起的。研究结果显示，油棕和麻风树名列前茅：油棕还清债务的时间是59~220年，麻风树需要76~310年（麻风树年代更长的主要原因是这种植物对二氧化碳的吸收率比较低)。[1] 但是，应该指出，种植在泥炭森林区的油棕负债更多，还清债务的时间至少在 206~220 年。这些数字可能看起来比较抽象，都是一些纯粹的预测，但却是衡量这些作物种植对气候影响的珍贵指数，而我们一直在吹嘘它们的好处，尤其是在减少温室效应气体排放的效果方面。几年前，我在沙巴一个种植园的入口处看到“让地球重新变绿”(Regreening the earth)这样的标语。油棕树迎着热带的风沙沙作响确实很美，但是，付出的代价何其巨大！从今以后，在热带，无论你走到哪里都可以看到油棕。从飞机上看下去，我们会发现油棕无处不在。飞越东南亚、喀麦隆、刚果及刚果盆地的其他国家、哥伦比亚或者厄瓜多尔、秘鲁的上空，我们发现美丽的油棕海洋一望无际，随处可见。

应该采取什么行动来阻止这个气候炸弹的爆炸？K. M. 卡尔森强调，停止在泥炭森林进行新的种植只能使温室效应气体排放减少 3% 到 4%，土壤的氧化过程一旦开始，损害就不

① W. M. J. 阿赫腾(W. M. J. Achten)、L. V. 维尔肖(L. V. Verchot):《生物柴油引起的土地利用变化对二氧化碳排放的影响：对热带美洲、非洲和东南亚的个案研究》(*Implications of Biodiesel-induced Land-use Changes for CO_2 Emissions : Case Studies in Tropical America, Africa, and Southeast Asia*),《生态与社会》(*Ecology and Society*), 2011 年。

可逆转。[1]单是延期颁发开垦许可证，像印度尼西亚曾经实施的那样（前文曾提到，这种制度被无数次打破），已经不足以挽救危急的局面。如果想遏制这种趋势，今后不仅需要保护泥炭森林，还需要保护次生森林和进行过树木开发的森林。减少温室效应气体排放的唯一途径就是不惜一切代价保护热带森林，在那里停止一切新的种植。K. M. 卡尔森据此预测，从目前至2020年，温室效应气体排放能够减少21%。但是，对于相关领域的工业家来说，这个解决方案是不可能被考虑的。相反，对于他们而言，没必要为了应对全球气候变暖而牺牲产量的增加。因为已经有一个解决方案，并且被专家们无数次地鼓吹：如果在退化的土地上种植油棕树，棕榈油就可以成为可持续发展的油料。全球森林倡议组织（Global Forest Initiative）主管奈吉尔·塞泽（Nigel Sizer）就是这么向世界资源研究所（World Resource Institute）解释的，后者是一个关注环境和社会经济发展的美国智库。而退化的土地，特别是废弃的小块农地数量巨大。根据我在当地的观察，印度尼西亚这样的土地尤其多，很多不同来源的数据，包括国际林业研究中心（CIFOR）的数据也证实了这一点。那么为什么不在这些地方种植油棕，从而避免破坏森林，减少碳排

---

① K. M. 卡尔森等：《西加里曼丹油棕种植扩张带来的碳排放承诺、砍伐森林与集体土地转变》，《自然科学院学报》，2012年，第109卷。

放？这是因为，首先在政府层面，无论是印度尼西亚还是其他遭受油棕扩张的国家，都没有在这方面采取真正的措施。尽管苏西洛·班邦·尤多约诺（Susilo Bambang Yudhoyono）总统在2010年5月颁布了一项关于在退化的地上进行种植的政策，但对于“退化”的定义仍有诸多争议。此外，像我在印度尼西亚采访工人、小种植园主和非政府组织时所发现的那样，在森林里种植带来的是两方面的好处，一方面可获得最为珍稀的树种原木，然后将其出售；另一方面，可以得到其他的树木，虽然价值稍逊，但完全可以用于正在飞速发展的纸浆工业，尤其是在苏门答腊地区。除了这种额外的收入，国际林业研究中心的克里斯多夫·奥比德金斯基（Krystof Obidzinski）还援引了吉伯特发表在《自然》杂志上的一篇文章中提到的因素：森林地区的人口没有土地退化地区密集，因此按照习惯法要求土地赔偿的人数会少一些[①]。

但是，让我们先回到退化的土地以及隐藏在“退化的”这个形容词背后的问题上来。根据不同的数据，印度尼西亚

① N. 吉伯特（N. Gilbert）：《棕榈油蓬勃发展引发森林保护问题》（*Palm-oil Boom Raises Conservation Concerns*），《自然》（*Nature*），2012年，第487期。

退化土地的面积在1300万[①]至7400万[②]公顷之间，马来西亚为550万公顷。需要指出的是，印度尼西亚数据区间中的最高数据来源于政府。对退化的土地进行准确界定，简直是天方夜谭。它可以指几十年前树木被砍伐而现在只含有极差的生物多样性和极少的碳储量的土地，如生长着白茅[③]的广阔土地。目前被广泛采纳的一个定义来自联合国粮农组织（Food and Agriculture Organization，FAO）：退化的土地指的是由于自然过程或者人类活动导致的无法再恰当地支持经济功能和它们最初的环保功能的土地。[④]但是，对于土地类型的改变，人们可以提出很多疑问，尤其是印度尼西亚——在涉及扩展油棕树种植时，这种行为屡见不鲜。20世纪80年代，在民族移居背景下（即人口过多的爪哇岛向别的岛移民，如婆罗洲加里曼丹岛和苏门答腊岛），政府计划进行大规模的工业种植扩张（种植油棕和生产纸浆的相思木），并随之批准了大量

---

① B. 维克（B. Wicke）等：《土地使用变化动因和棕榈油生产的作用》（*Drivers of Land Use Change and the Role of Palm Oil Production*），乌德勒支大学哥白尼可持续发展和创新研究所（Copernicus Institute for Sustainable Development and Innovation），2008年。

② 数据来自印度尼西亚林业部，2007年。

③ 白茅是一种草本植物，拉丁学名为Imperata cylindrica，能够在裸露的地面快速生长。

④ 参见http://www.fao.org/nr/land/degradation/en。

的特许经营地区。但是，自从 20 世纪 60 年代苏哈托实施森林法以来，主要的森林都被置于“生产森林”的状态，这种状态规定在采伐森林之后有一个为期三十年的再生期。因此，将森林状态变为“可转化森林”的方式就是通过大火或者其他方法使之退化。这种新的状态可以轻而易举地将森林转换为特许经营用地，用以工业种植。因此，1980 年之前，生产森林面积占加里曼丹西部领土的 40% 多，但二十年后，这个数字下降到 14% 以下。[①] 同样的情况也出现在印度尼西亚的婆罗洲、苏门答腊和巴布亚的其他省。一些关于土壤构成的研究表明，约 90 万公顷的所谓的退化土地具有种植油棕的最佳生物物理条件，2600 万公顷的退化土地也可以用于种植油棕[②]，这个数据与政府宣布的种植扩张计划一致。尽管存在的各种问题会阻碍利用某些退化的土地，特别是与土地所有权有关的问题，但政府还是作出了扩张种植的决定。实际上，

---

① C. 盖思勒（C. Geissler）、E. 佩诺特（E. Penot）：《砍伐森林及以后？》（*La Déforestation et après ?* ），《热带森林和树木》（*Bois et forêts des tropiques*），2000 年，第 266 期。

② S. 曼特尔 (S. Mantel) 、H. 韦斯腾（H. Wösten）、J. 费尔哈格（J. Verhage）：《印度尼西亚加里曼丹地区生物物理土地对于油棕树的可持续性》（*Biophysical Land Suitability for Oil Palm in Kalimantan, Indonesia*），荷兰瓦赫宁根世界土壤信息中心（World Soil Information）、瓦赫宁根大学国际植物研究所（Plant Research International），2007 年 1 月。

我们看到，面对腐败和对利益最大化的追求，政府的承诺、签署的延期开垦许可证和国家的法律都显得无足轻重，最明显的例子就是苏门答腊的特里巴沼泽森林。我听到一些油棕的支持者们疾呼："还有那些红毛大猩猩！"在他们看来，这些猩猩只是让他们远离西方人的原因。动物只是一个象征，隐藏在背后的原因让那些单纯善良的人心酸不已。几个月以来，每当博客上出现有关棕榈油的文章，下面就会出现大量让人震惊的评论。根据这些评论，作为象征的红毛大猩猩和它的邻居们——我指的是老虎或者苏门答腊犀牛——被西方非政府组织利用（根据评论者所称，这些组织挪用了来自欧洲的捐款）来诋毁棕榈油，目的是为了维护欧洲和北美生产的其他植物油。那些所谓的损害生物多样性的说法只是葵花籽和油菜的游说集团进行的巨大宣传而已。我们该相信谁？是不停地在他们的出版物、广告和网站上宣称油棕种植在维持生物环境和丰富的生物多样性中有重要作用，用色彩斑斓的翠鸟和迷路的豚尾猴作为配图的马来西亚棕榈油局？还是二十多年来不停地就工业种植对生物多样性产生的严重影响，向大众发出警告的众多科学家和非政府组织？

油棕与生物多样性的艰难共存

直升机在一阵轰鸣声中飞过翠绿的林涛。这个巨大的“金属昆虫”的双翼下托着一个小包裹，包裹随着机器的前行摇晃着，里面蜷缩着一只红毛大猩猩，结实的网包裹着它。它睡着了，无法欣赏漂亮的森林，而这个欣赏角度对它来说是全新的。在一片林间空地中，我们和婆罗洲猩猩生存基金会（Borneo Orangutan Survival Foundation）团队一起焦急地等待着这只大猩猩的到来。它瘦骨嶙峋，面部凹陷，毛色暗沉，一条刀伤划过左边侧脸，它在油棕种植林里流浪。当时是 2000 年，位于加里曼丹岛东部的种植园工作人员打电话给非政府组织，告诉他们这只大猩猩的存在。如果他们没有迅速地将它救回，它就会被杀掉，因为它对工人们构成了威胁。身上粗糙的绳子被解开后，它就被运到放置在直升机周围的鲜嫩的树枝旁边，我们等着这只红毛大猩猩醒来。

如果说这只幸存的大猩猩至少在一段时间内还能找到一片森林作为觅食和栖身之处，那么它的大部分同类就没有这么幸运了。2000 年以来，油棕种植造成的“难民”大批涌向非政府组织和收容无家可归的灵长类动物的“孤儿院”。短短数十年间，它们的栖身之处——婆罗洲和苏门答腊岛上的森林消失了 90%，这其中至少有一半可以归咎于油棕单一种植的扩张。这是一场真正的环境灾难。虽然红毛猩猩并非这场针对生物多样性犯罪的唯一受害者，但它却是首当其冲的受害者之一，因此非政府组织用它的命运进行宣传，让大众关注油棕的肆意扩张，也就不足为奇了。红毛猩猩的数量在 15 年里减少了一半。在苏门答腊，大猩猩命悬一线，可能马上也要被列入消失灭绝物种的长名单中。每年有将近 5000 只大猩猩在位于婆罗洲和苏门答腊的油棕种植园里被杀害——在森林大火中失去了家园的它们饥肠辘辘，只不过是在种植林偷几个油棕果而已。这个数据只是估算出来的，估算的主要根据是被收容中心收留的幼年小猩猩的数量。这些小猩猩在妈妈被夺走（经常是被杀害）后又被卖作宠物。

与婆罗洲和苏门答腊森林标志性动物——大猩猩遭遇相同的，还有苏门答腊虎、马来熊、犀鸟、穿山甲、云豹、长臂猿以及其他很多不太知名、但对维持森林平衡至关重要的物种，而这种平衡正在消失。然而，如果看看田园诗般的广告短片，读读马来西亚棕榈油局的网站，我们可能会被诱惑，相信所谓的“生命之树”带来的好处。图片证据就是马来西亚棕榈油局网站上那张豚尾猴在油棕树上跳跃的美丽照片或是广告短片，它们甚至在语义层面打擦边球，提到油棕种植园时用“种植的森林”一词代替，宣称它们有利于生物多样性。[①]

然而，科学研究的结果是很清楚的：油棕绝不是生命之树。恰恰相反，油棕的扩张破坏了森林，各种研究和世界粮农组织的数据表明，超过一半的油棕扩张是以毁坏森林为基础的。如今，油棕占据了全球十分之一的可耕种土地。如果仅以印度尼西亚为例，56% 的油棕种植扩张都破坏了森林（相当于先前存在的 30.17 亿公顷可耕种区域的 44%，约 13.13 亿公顷）。然而，森林用途的改变，不管是完好无损的森林还是因为开采而退化的森林，都由此导致了 70% 的物种消失。[②] 关于油棕种植的统计数据显示，与尚未被破坏的森林相比，油棕种植园里只栖息着不到那里一半的脊椎动物、刚到三分之一的鸟类、不足五分之一的蝴蝶。虽然油棕种植园里的动物没有完全绝迹，但距离让种植园名列平衡的生态系统之列的标准还相差甚远。因为种植园有其特有的物种，那里聚集着一些异类、入侵者，

---

① 参见 http://www.mpoc.org.my/main_mediacenter.asp。

② 许连平（L. P. Koh）、D. S. 威尔科夫（D. S. Wilcove）：《油棕农业真的在破坏热带生物多样性吗？》（*Is Oil Palm Agriculture Really Destroying Tropical Biodiversity？*），《生态保护通讯》（*Conservation Letters*），2008 年，第 1 卷，第 60—64 页；E. 菲茨赫伯特（E. Fitzherbert）等：《油棕扩张将如何影响生物多样性？》（*How will Oil Palm Expansion Affect Biodiversity？*），《生态及演变趋势》（*Trends in Ecology & Evolution*），2008 年，第 23 卷，第 10 期，第 538—545 页。

尤其以老鼠和蚂蚁为代表。这些生活在种植园的物种，40% 都是异类动物，总数量不超过热带森林特有物种多样性的一半。它们不仅垄断着这些地方，还对那些能够在这些单一作物中幸存的物种造成了侵扰。但是，在众多的棕榈油经营者身上，这些越来越多的研究产生的效果不尽相同，视而不见、充耳不闻是最好的情况，最恶劣的则是宣称这些研究结果受到操纵——为了诋毁棕榈油，维护西方生产的植物油。这个新的阴谋论成为把对他们不利的结果一举清除的最佳工具。

许连平（Lian Pin Koh）是瑞士联邦理工学院、新加坡国立大学的应用生态和保护学教授。他尤为关注农业生产对生物多样性、生态系统服务、森林保护、农村发展的影响评估。他 2008 年在普林斯顿大学撰写的关于东南亚油棕发展产生的环境和政策影响的博士论文中，将研究中心聚焦在砍伐森林政策及其对碳排放、生物多样性和人类的影响上。发展和生物多样性这两大重点乍一看是相互冲突的，如何兼顾二者?他进入分别位于马来西亚和印度尼西亚的两家棕榈油企业展开研究。他们向他敞开大门，让他进行详尽的生物多样性盘点，采访棕榈油开发的直接或间接参与者。像其他进行类似主题研究的科学家和团队一样，许连平得出的结论也是棕榈油负有不可推卸的责任。“从环境角度来看，不管企业和种植园如何努力，也无法避免棕榈油是作物单一化种植的产品这个事实，况且这些是超大规模的单一化种植，对环境的影响极大。除非停止扩大油棕种植面积，否则这种原材料将会一直对环境产生影响，从而对森林产生极大影响。”许连平指出，不管怎样，这都是单一化种植，并且与橡胶相比，油棕是单一化种植中接纳物种最少的一种作物。也许可以在这里或者那里加一点灌木、一些花草，尝试吸引昆虫和鸟类，但与单一化种植之前的森林相比，不管是所谓的原始森林、退化森林还是次生林，这点效果简直微不足道。[①] 因此，他总结到，

① 有关研究如下。L. 吉布森（L. Gibson）等：《维护热带生物多样性中无法替代的原始森林》（*Primary Forests are Irreplaceable for Sustaining Tropical Biodiversity*），《自然》（*Nature*），2011 年，第 478 卷；许连平（L. P. Koh）、D. S. 威尔科夫（D. S. Wilcove）：《油棕农业对生物多样性的威胁》（*Addressing the Threats to Biodiversity from Oil Palm Agriculture*），《生物多样性维护》（*Biodiversity Conservation*），2010 年，第 19 卷，第 999—1007 页；许连平（L. P. Koh）、D. S. 威尔科夫（D. S. Wilcove）：《油棕农业真的在破坏热带生物多样性吗？》（*Is Oil Palm Agriculture Really Destroying Tropical Biodiversity ?*），《生态保护通讯》（*Conservation Letters*），2008 年，第 1 卷，第 60—64 页；许连平（L. P. Koh）：《能否使油棕种植更加适宜森林蝴蝶和鸟类生存？》（*Can Oil Palm Plantations be Made More Hospitable for Forest Butterflies and Birds ?*），《应用生态学》（*Journal of Applied Ecology*），2008 年，第 45 卷，第 1002—1009 页；N. S. 苏喜（N. S. Sodhi）、T. M. 李（T. M. Lee）、许连平（L. P. Koh）、B. W. 布鲁克（B. W. Brook）：《人为破坏森林对东南亚生物群影响的元分析》（*A Meta-analysis of the Impact of Anthropogenic Forest Disturbance on Southeast Asia's Biotas*），《热带生物》（*Biotropica*），2009 年，第 41 卷，第 103—109 页；X. 严（X. Giam）、许连平（L. P. Koh）、H. H. 谭（H. H. Tan）、J. 米耶蒂宁（J. Miettinen）、H. T. W. 谭（H. T. W. Tan）、P. K. L. 吴（P. K. L. Ng）：《泥炭地转换导致桑德兰地区淡水鱼整体灭绝》（*Global Extinctions of Freshwater Fishes Follow Peatland Conversion in Sundaland*），《生态和环境前沿》（*Front Ecol Environ*），2012 年，第 10 卷，第 465—470 页；E. B. 菲茨赫伯特（E. B. Fitzherbert）等：《油棕扩张将如何影响生物多样性？》（*How will Oil Palm Expansion Affect Biodiversity ?*），《生态及演变趋势》（*Trends in Ecology & Evolution*），2010 年，第 23 卷，第 10 期，第 538—545 页。

在某种方式下，从环境角度看，这种作物永远不可能是可持续发展的。然而，还是有一些比较可取的措施，比如建立绿色走廊，即连接两座高地、穿过种植区的森林带，或者保护河流沿岸的树林、保护高保护价值森林区域。但是，这一切的前提是这些保护区域的面积足够大。在很多情况下，企业为了偿还油棕种植给可持续发展行为带来的债务，只将一丁点森林保护起来，这毫无用处。进入这些林中孤岛，你只会看到一片空树林，里面没有任何哺乳动物或爬行动物。通常什么物种都没有，最多只有一些常见的物种。

与伦敦动物学会（SZL）的研究员一样，许连平提倡建立更多的绿色走廊。今后，为了获取木材或者将大片区域改造成油棕种植园（以及纸浆速成林），森林开发越密集，森林生态环境就会遭到越来越严重的分割。从物种保护角度来看，这种分割存在着极大的问题，因为它使单个动植物被隔离，阻碍了混合遗传。然而，混合遗传对物种的长期生存至关重要。让各种动物（猩猩、长臂猿、老虎、云豹、貘等）穿过这些绿色走廊，在不同的林区之间活动，它们的寿命会大大提高——尤其是已经处在灭绝危险中的动物，如苏门答腊老虎、犀牛和红毛猩猩。

至于那些通过在“退化的森林”的语义上钻空子而将它们变成种植园的行为，需要指出的是，尽管这些森林被长期开采，失去了最珍贵的树种，但是，相对于所有的单一化种植，它们保护的生物多样性更多一些。更有意思的是，退化的森林表现出了巨大的回弹，比如可以在三十年间恢复 84% 的鸟类。关于人类的干扰和森林转化为种植地对热带生物多样性的影响分析表明，东南亚是受影响最严重的地区。在这个地区，人类对生物多样性的影响要超过世界其他地区，甚至超过南美洲，这主要是因为油棕和速成纸浆林的单一化种植扩张迅速。该研究还指出鸟类、植物和鞘翅目昆虫是受干扰最严重、对林区转化为农业用地最敏感的物种。昆虫在热带植物传粉中，特别是农作物授粉中的作用至关重要。此外，研究还发现，这类昆虫中的象鼻虫在 20 世纪 80 年代改善东南亚油棕种植中发挥了重要作用。以前，风被认为是唯一能够传粉的途径，1940 年至 1980 年间，为了增加授粉，人们对风的运动进行了大量的研究，有一部分研究还是手工进行的。1979 年就职于英联邦生物防治研究所（Commonwealth Institute of Biological Control）的巴基斯坦昆虫学家拉赫曼·赛义德（Rahman Syed）第一个发现了这些甲虫发挥的作用。鞘翅目昆虫和象鼻虫以雄花序较软的部分和花粉为食，同时它们也在雄花序上产卵。因为雌花序上散发出与雄花序类似的味道，昆虫有时会弄错，因此会为油棕授粉。1981 年 2 月，象鼻虫被引进到马来西亚的两个种植园，那里当时还不存在这种物种（生物学家认为它们对当地的其他物种不构成危险）。这次引进大获成功，并得到印度尼西亚、巴布亚新几内亚和哥伦比亚的效仿，油棕果实枝簇重量明显增加。如果说几内亚油棕的结果取决于异类相助的授粉，那么很多其他粮食作物的结果也与当地物种的活动密切相关，比如鞘翅目昆虫、蜜蜂、某些小型哺乳动物和鸟类。但是，大部分都是一些完全或部分生活在林区的动物物种。

转移加里曼丹岛东部美拉土斯（Meratus）森林里的那只雄性猩猩一事，已经过去十年了。如果我再回到印度尼西亚（特别是苏门答腊）或者马来西亚，我不可能再见到加里曼丹的森林了。在为德法公共电视台（Arte）的节目“流浪者”（Nomades）拍摄棕榈油纪录片时，我们和两名导演一起去了加里曼丹岛南部的丹戎普丁（Tanjung Puting）国家自然公园。与我曾经工作过的东部地区相反，这里的土地几乎没有起伏，被大片平原森林所覆盖，并且这些森林大部分都扎根于泥炭地。在此之前，我曾经在 2000 年穿越过这个地方，今昔对比之强烈让我感到害怕。如今油棕无处不在，只能听见超负荷的卡车（连车前面都堆满了油棕果簇）发出的轰隆声和炼油厂烟囱发出的低鸣声，而以前在清晨的薄雾中响起的是长臂猿的轻声吟唱、犀鸟翅膀发出的沙沙声。

为了拍摄一个全景，我们登上了一个移动电话转播站的塔顶，因此也见识到了单调如一的景色——油棕在一马平川的平原上一直延伸到天边。我们行驶了数公里，映入眼帘的始终只有那些一模一样的油棕树。丹戎普丁国家自然公园就像油棕海洋里偏航的方舟。油棕已经触及国家自然公园的边缘，很多传言称要从公园里划出几万公顷（公园总面积为41.5万公顷）土地给五家棕榈油公司作为特许经营用地。这样的事情并不是第一次发生。2003年5月，瓦纳·萨维特（Wana Sawit）公司就在国家公园内种植了380公顷油棕，通往种植园的几条路在一年后才被发现，这些路导致了沿途珍稀树种的非法采伐、森林退化和偷猎。卫星图片的分析也显示，三家公司计划在自然公园里面、甚至缓冲区增扩1.7万公顷的种植园。所谓在适当的区域内进行扩张，实际上是以错误的地图为基础的。但是，印度尼西亚新任总统在2004年12月当选后，将丹戎普丁的保护视为其执政的重点之一。2005年6月，这三块引起争议的特许经营用地也确实被取消了。然而，就在这一举措公布后的一个星期，非政府组织发现林业部部长虽然确实取消了这三块特许经营地，但却在国家公园的更深处批准了另外五块地，与这个决定同时进行的还有对自然公园边界的重新定义。这可不是一个无足轻重的改变——它使公园的面积缩减了四分之一！

苏门答腊的情况也差不多，一家棕榈油公司对布吉蒂加普鲁（Bukit Tigapuluh）国家森林公园的一部分土地垂涎三尺。

虽然在非政府组织和消费者日益加大的压力下，很多企业表现出愿意作出努力的样子，但我们不要上当。就像前面提到的，从环保角度看，油棕永远不可能成为可持续发展作物，除非全面停止开发林区（不管是退化的林区，还是完好的森林）。但是，鉴于股东们对大公司施加的压力，全面停止扩张完全不切实际。相反，我们发现，面对欧洲越来越多的反棕榈油宣传和欧洲国家（如法国或欧盟）颁布的法律或者法律提案，森林用途转变率反而提高了，特别是印度尼西亚。这说明在印度尼西亚只要森林用途还有转换的可能性，企业还是会在压力变得过大之前蜂拥而至。

此外，由于无法继续扩张他们的种植园，比如在马来西亚，大棕榈油公司就将单一化种植出口到非洲中部和拉美地区。因此，金光农业资源有限公司（Golden Agri，属于金光集团）落户利比里亚，与政府合作建立了一个 22 万公顷的种植园；马来西亚的森那美集团将在 2012 年底从秘鲁政府手中得到 7 万公顷土地来建种植园，哥伦比亚政府也给予了该集团类似的待遇。2000 年至 2010 年间，在秘鲁新建的种植园中，有 72%（相当于超过 2.04 万公顷）都建立在破坏森林的基础上。[①] 以圣马丁（San Martin）地区的巴兰基塔（Barranquita）县为例，2006 年，政府将 7000 公顷位于亚马孙盆地的森林划拨给了沙

① V. H. 古铁莱兹-贝雷兹（V. H. Gutiérrez-Vélez）等：《以牺牲秘鲁亚马孙森林为代价的高产油棕的扩张》（*High- yield Oil Palm Expansion Spares Land at the Expense of Forests in the Peruvian Amazon*），《环境研究通讯》（*Environmental Research Letters*），2011 年，第 6 卷。

努西农业公司（Agropecuaria del Shanusi，秘鲁罗梅罗集团的子公司），用于种植油棕。但是，当时几百名小业主正在为获得这些土地和森林的产权证而焦急地等待着——那是他们一直在耕种的土地，一直在使用和保护的森林。而从沙努西农业公司对这些土地提出要求的那一刻起，他们的土地所有权就一下子化为乌有了。一些地区在进行环境影响评估之前（这是必需的），森林就已经被砍伐光了，道路也被打通。就像我有一次坐飞机经过这个地区上空时看到的那样，以前的平原森林变成了郁郁葱葱的油棕，而当地人曾经在那里获取各种药材、果实、树皮和其他非木材产品。面对当地政府支持民众进行的反抗，企业毫不犹豫地使用了武力。为了逼迫当地人出让土地，他们将村民的收成和房子夷为平地，将村庄赖以生存的河流改道。企业根据2009年阿兰·加西亚总统颁布的一项允许第三方逮捕市民的新法律进行了多次肆意逮捕（拘押农民）。这项法律的初衷是为了减少秘鲁的犯罪率。

从2008年开始，巴兰基塔的民众组织了示威游行，抗议将他们的森林变为油棕种植园。而政府不仅对此充耳不闻，还根据653号促进投资的法律和第255-2007号部长决议，额外拨付3000公顷土地用于种植油棕。[①]2010年1月7日，民众举行了大规模的步行抗议，抗议罗梅罗集团为了种植油棕而毁坏森林，践踏当地人民的权益。那个时候，就像我看到的那样，广阔的油棕种植园已经形成规模，一望无际了。在非政府组织“拯救雨林”（Rette den Regenwald）进行的采访中，罗梅罗集团的子公司帕玛斯集团（groupe Palmas）的代表镇定自若地解释说，他们只是在以前的农业用地上种植，根本不涉及森林或者当地人的土地。[②]

喀麦隆，另外一个国家、另外一片大陆，但却是同样的场景。2009年，一家名叫SG可持续油业喀麦隆有限公司（SGSOC）的企业与喀麦隆政府达成了一项协议，旨在发展油棕种植和建立一个炼油厂。根据这项协议，喀麦隆以为期99年的土地租约形式将其西南部73086公顷土地出让给这家企

---

①《秘鲁：抵抗罗梅罗油棕集团》（*Peru : Resistance to the Romero Oil Palm Group*），《世界雨林运动公报》（*World Rainforest Movement Bulletin*），2010年1月，第150期，参见http://servindi.org/actualidad/20681；纪录片《我们日常生活中的棕榈油：秘鲁雨林受到单一种植威胁》（*Our Daily Palm Oil : Peru's Rainforest Threatened by Monocultures*），由拯救雨林组织（Rette den Regenwald）2012年拍摄，参见http://www. youtube.com/watch?v=4BMEd3m0Le0。

②《我们日常生活中的棕榈油：秘鲁雨林受到单一种植威胁》，亦可参见http://www.filmsforaction.org/watch/our_ daily_palm_oil_perus_rainforest_threatened_by_monocultres。

业。另一个让人感到奇怪的地方，是这家企业的名字竭力与可持续发展挂上钩。它对环境的关注还体现在它与一个声称致力于发展的、名叫“一切为了非洲”（All For Africa）的非政府组织合作了一个“用棕榈消除贫困”（Palm Out Poverty）的项目。该项目的目标是在非洲西部1.7万公顷的土地上种植上百万棵油棕。油棕成熟后可在35年间每年产出30万桶棕榈油，所得收入将用于资助当地的发展项目（健康、水、小额贷款、教育等）。

这个项目是与美国企业赫拉克勒斯农场公司（Herakles Farms）合作，这家企业持有SGSOC的100%的资本，隶属于美国赫拉克勒斯资本公司（groupe Herakles Capital），后者对非洲大陆的诸多领域都有所涉猎，如能源、电信、矿业和农业食品。在其网站上，赫拉克勒斯农场公司表明它的目标是在非洲中部和西部发展一个种植面积最终达20万公顷的棕榈油项目。一旦这个目标得以实现，赫拉克勒斯农场公司将会成为非洲大陆最大的油棕种植企业。该公司的网站还指出，尽管它不是棕榈油可持续发展圆桌会议成员，但它遵循最佳的实践标准和原则，目的是实现棕榈油的可持续生产。除了这个含糊不清和奇怪的表态以及它的子公司名字上的“可持续”有点欲盖弥彰，我们还发现，该公司的董事会主席和非政府组织“一切为了非洲”的执行理事不是别人，正是赫拉克勒斯农场公司的总裁和首席执行官布鲁斯·沃贝尔（Bruce Wrobel）。

只要我们稍微留意一下特许经营土地本身和已经开始的苗圃初步建设，这种“可持续发展”的虚假外表就立刻被揭穿了。苗圃位于五大生态保护区——可鲁普（Korup）国家公园、巴克西 (Bakossi) 国家公园、班阳姆博 (Banyang Mbo) 野生动物保护区、恩塔阿里 (Nta Ali) 保护区、朗比山 (Rumpi Hills) 保护区的交界处，是生物多样性的圣地和许多物种迁徙的主要走廊。在环境方面，棕榈油可持续发展圆桌会议致力于不对高保护价值区域进行开发，也不给这些地区带来间接压力（虽然赫拉克勒斯农场公司在方案中提到了在种植园和国家公园之间设立一个三公里的缓冲带，但落实到图纸上，只设计了一个不足百米宽的区域）。[①] 然而，包括德国国际合作机构（GIZ）在内的一些分析显示，赫拉克勒斯农场公司经营的这片区域有一部分位于高价值保护区内 。这种违背棕榈油可持续发展圆桌会议的基本原则的行为[②]，使得英国一家咨询公司拒绝为其进行特许经营土地的高保护价值森林

---

①《赫拉克勒斯农场在喀麦隆：可持续发展项目伪装下的大规模砍伐森林》（*Herakles Farms au Cameroun, une déforestation massive travestie en projets de développement durable*），奥克兰研究所（The Oakland Institute），2012 年。

② 在赫拉克勒斯农场公司和SG可持续油业喀麦隆有限公司的网站首页，标明它们当时还是圆桌会议成员，但喀麦隆事件之后它们被除名了。

（HCVF）评估。

此外，赫拉克勒斯农场公司甚至于 2011 年 1 月至 6 月间开始砍伐森林，建设第一批油棕苗圃，而此时它的社会和环境影响评估尚未完成，也未获得环境合格证书，这显然违反了喀麦隆的法律。[①] 在一个喀麦隆非政府组织提出诉讼之后，司法部门勒令该公司即刻停止开采，但 SG 可持续油业喀麦隆有限公司完全无视这项禁令。它毫不含糊地闪烁其词，声称它的种植园大部分建立在次生林和退化的森林上，之所以选择这些地区是因为它们所在的土地事先已经进行过木材开采。但是，根据卫星图片和研究人员的分析[②]，恩迪安（Ndian）地区 56% 的特许经营土地都是由茂密的原始森林构成。71% 的特许经营地中有 70% 被森林覆盖，这个比例甚至与国家公园的森林覆盖率一样，在这个地区上空拍摄的很多航拍图也

---

① 参见国家地理网站的图片，http://newswatch.nationalgeographic.com/2012/03/20/open-letter-sounds-alarm-on-massive-oil-palm-development-in-cameroon。

② 参见自然资源可持续管理项目 - 西南地区（PSMNR-SWR）共同协调员致 SG 可持续油业公司的一封信，2010 年 9 月 27 日，http://fr.scribd.com/doc/85383092/Scientistes-Lettre-on-the-Herakles-Farms-Proposed-Oil-Palm-Plantation-in-Cameroon。

证实了这一点。[①] 此外，这个被包装成发展项目的种植园并没有得到所有人的支持。面对资金的诱惑和与"一切为了非洲"这个非政府组织合作的外表，当地民众并没有上当，他们奋起反抗对他们土地的强占和用长期租约剥夺他们土地所有权的行为。

然而，罗梅罗、赫拉克勒斯农场、瓦纳·萨维特集团并非个例，我们还可以举出塞拉利昂、巴西、危地马拉、洪都拉斯、菲律宾、圣多美、刚果、乌干达、巴布亚新几内亚、墨西哥等国的例子，他们的行为都严重破坏了生物多样性。如果说不管种植企业如何努力，生物多样性和棕榈油都很难共处，那么更多的企业则是公然地、毫无顾忌地践踏相关国家的法律和他们声称已经加入的认证体系（非常宽容并且很容易通过）的原则和标准。只要油棕种植破坏了森林，不管是原始森林还是退化的森林，不管它是位于脆弱的生态系统边缘还是重要的生态系统边缘，都不能鼓吹自己具有可持续性，甚至不能与之沾边。总之，油棕种植园与森林水火不相容。然而，不得不承认有一些企业，尤其是马来西亚的企业，

① W. F. 劳伦斯（W. F. Laurance）等：《关于科学可行性和热带森林保护的公开信》（*An Open Letter about Scientific Credibility and the Conservation of Tropical Forests*），2012 年，参见 http://fr.scribt.com/doc/40046525/an-open-letter-about-scientific-credibility-and-the-conservation-of-tropical-forests。

意识到消费者越来越关注消费行为对环境的影响，因而致力于改善企业行为。虽然这些努力值得赞扬，但也不能掩饰企业的双重嘴脸：他们一方面在油棕种植受到高度关注的马来西亚半岛表现出楷模的样子（或者努力向这方面靠近）；另一方面却在其他国家、其他大陆投资，因为那里的法律宽松得多，腐败更加普遍，媒体和协会的关注度也低得多。

从生物多样性的角度来看，解决方案还是存在的。虽然必须全面停止森林用途的转换，无论是原始森林还是次生森林、退化森林——这些森林类别的定义和界线还非常模糊，政府和企业因而得以乘虚而入——但这并不意味着要停止生产棕榈油。棕榈油的生产确实可以带来发展，但是，在目前看来，这只是在短期内攫取最大利润的一种方式，不仅破坏了生物多样性，还损害了当地民众的利益。他们日常生活所需或微观经济赖以发展的森林资源被剥夺，而且他们的土地也被掠夺，村庄被迫迁移。他们的权利要么被彻底无视，要么被嘲讽。棕榈油在其所经之处带来的不只是严重的环境破坏，还有社会不公。

侵占原住民土地与剥削劳工

当日本早稻田大学的人类学家加藤由美（Yumi Kato）表示要研究沙捞越（Sarawak）的本南（Penan）人时，同一实验室的马来西亚籍教授强烈建议她打消这个念头，因为她不可能获得研究许可。加藤由美告诉我，对马来西亚政府来说，本南族是一个非常敏感的问题，哪怕稍微提到这个名字，也会引起当局的强烈不满。在当地，本南族就是激进分子的同义词。确实，面对马来西亚婆罗洲的森林砍伐，如果还有什么民族敢于奋起反抗的话，那就是本南人。布鲁诺·曼瑟（Bruno Manser）将他们的斗争继续了下去，他的神秘失踪（至今悬而未解）使本南人保护森林领土、反抗企业践踏他们的权益、反抗政府不作为的斗争受到了极大的关注。尽管加藤由美最后转而选择了另外一个民族——悉汉族（Sihan），但她的研究主题——聚焦在地理环境被社会发展改变的背景下马来西亚狩猎采集社会的演变——使她置身于油棕种植问题的核心（沙捞越地区种满了油棕）。在种植园中进行研究越来越难，因为马来西亚政府不仅对少数民族问题很敏感，而且对有关这个问题的一切文章、著作给予了极大关注。

悉汉族是沙捞越州的一个少数群体，只有230人。他们是狩猎采集者，全靠森林获取食物，捕猎野猪、捕鱼，采摘西米、白藤、各种水果、种子以及草药。他们也在林中空地上种大米，这在某种程度上虽然将他们引向了定居生活，但他们仍然保持着自己的生活方式，还是以森林为主。后来，油棕在悉汉人居住的边境地区迅速蔓延开来，他们的房子被油棕种植园包围。达雅克族（Dayak）的加央人（Kayan）和伊班人（Iban）从事农业的历史很长，他们中的部分人已经转向油棕（有的甚至开始自己开发油棕，但规模非常小，产品转卖给大企业和炼油厂）。与他们相反，悉汉族内心非常依赖狩猎采集的生活模式，虽然随着年轻人离开森林，他们的传统文化已经逐渐消融在现代化中。悉汉族年轻的一代试着适应新形势，尤其是漫山遍野的油棕，他们将这种作物视为潜在的发展工具。尽管他们被批准可以进入种植园捕猎野猪，老一辈悉汉人还是对油棕心存疑虑。加藤由美解释说，一般来说，这些悉汉人和东南亚或者非洲中部、拉丁美洲的以狩猎采集为生的人一样，很难适应这些新情况，难就难在他们与森林之间密切的关系。虽然这种关系越来越淡薄，但仍然顽强地存在着。可能是因为悉汉族较小的缘故，他们与油棕种植园的冲突极少。但是，对于本南族和伊班族而言，情况就不一样了。虽然少数人涉足了油棕种植，但大部分人对油棕林的扩张表示了强烈的反对。究其原因，就是他们祖先留下来的土地被侵占。而在政府看来，根本就不存在侵占，因为本南人没有被发放身份证，不被视为马来西亚公民，因此也不能宣称拥有任何土地所有权。在马来西亚，通常人们只要在 12 岁前提出申请就可以免费获得身份证，但本南人获得身份证的手续被设置得极为复杂和昂贵，因此他们不得不放弃办理。很多本南人曾经尝试过办理身份证，特别是在选举前夕，但他们遭遇了贪腐官员，被索要高达 100 美元的费用，并且从未给过他们证件。外界不可能听到他们的声音，因此他们也就无法对这个将他们土地夺走转卖给森林开发公司或者油棕种植公司的政府提出抗议。没有身份证也就没有公民权，因此他们也被卫生服务拒之门外，无法承受高昂的治疗费用。

为了让外界听到他们的声音，本南人、伊班人、根雅人（Kenyah）举行了示威游行，抗议在森林地区进行油棕种植扩张或者建造巨大的水电大坝，那会淹没他们仅剩的那点祖先留下来的土地。面对这些和平游行，政府以肆意逮捕作为回应。各种暴力行为，尤其是来自棕榈油公司的暴力行为，之前就已经出现过。也许过不了多久事情会出现转机，这一点从 2011 年伊班族状告土地托管和发展局（LCDA）后的司法裁决可见一斑。土地托管和发展局负责处理沙捞越政府、比丽达控股公司（Pelita Hodings）和特唐加·阿卡公司（Tetagga Arkab）[①] 两家企业的土地权益问题。事情的起因是这几家企业被告侵占了伊班人祖先留下的土地，计划在上面建一个大型的油棕种植园。法院判决伊班人胜诉，认为被告侵占他们的土地这一他们仅有且唯一的资源的行为违反了宪法第 3 条和第 13 条，并宣布棕榈油公司给予的微薄补偿（每公顷不到 30 欧元）无效。我们希望这种判决能够传播开来，并且今后棕榈油企业不敢再兼并（通常都是与政府合谋）原住民的土地。有些企业无耻地用一笔少得可笑的钱作为赔偿，就像在另外一群伊班人身上发生的那样，每家只“获赠”了 66 美元的土地赔偿金。

我在加里曼丹岛南部、丹戎普丁国家公园周边或是秘鲁的塔拉波托（Tanjung Puting）地区采访一些因油棕种植扩张而被迫搬迁的家庭时发现，在棕榈油领域里，驱逐、暴力和强征是家常便饭。2013 年 1 月 29 日，苏门答腊南部农民为反对自己的土地被侵占举行的示威游行，最后也以警察的暴力镇压而告终。25 个人遭到毒打和逮捕，其中就包括印度尼西亚环境论坛（WAHLI）的地区负责人，这个组织相当于印度尼西亚的“地球之友”（Les Amis de la Terre）组织。同时，

① 《世界雨林运动公报》（*Bulletin du WRM*），第 166 期，2011 年 5 月。

还发生了警察破坏当地清真寺的事件。苏门答腊地区三分之二的土地被政府划拨给了像森那美那样的工业集团（通过它的子公司，如 WKS 公司）用来种植油棕和橡胶。

在印度尼西亚，910 万公顷土地被油棕覆盖，其中 40%~56%（根据不同的数据来源）[①] 都是大规模的单一化种植。这个行业被大工业集团控制着，集团数量多达 27 家，包括 6000 家子公司。小规模的种植和所谓的“家庭式”种植（或者苗圃培育），通常被纳入大企业所控制的更大的规划中。大企业制定条件时，留给农民的操作余地非常小。其中的一个农民全家都在幼苗培育基地工作，他告诉我，他对出售油棕树苗的收入所得非常失望。他们从爪哇岛移居到此，跟很多人一样，为了购置一小块地（之前是退化的森林）来经营，投入了大部分身家财产。由于完全依赖周边的工业种植园，对企业给出的价格，他丝毫没有讨价还价的能力。他解释说，如果他敢要求提高价格，企业立马掉头去找另外一家苗圃培养园，这里最不缺的就是苗圃培养园。当时是 2009 年，经济危机使得油棕苗的价格大跌，他几乎无法养家糊口，而棕榈

① 《世界雨林运动公报》（第 178 期，2012 年 5 月）统计的数据为 40%，世界银行（Banque mondiale）和国际金融公司（International Finance Corporation）的数据为 56%，参见《改善棕榈油小经营者的生活环境：私营领域的作用》（*Improving the Livelihoods of Palm Oil Smallholders : The Role of the Private Sector*），2010 年。

油行业的大公司却实现了高额盈利。所有种植油棕的热带国家都出现了这种情况。虽然在某些情况下，小种植者能够联合起来要求提价（如 2001 年在科特迪瓦，原材料的采购价格下跌后，棕榈原油和终端产品的价格反而大幅上涨），但绝大多数情况下，因为大企业控制着炼油厂，所有的抗议都是徒劳的。

践踏土地所有权和劳动权益的行为在所有的油棕种植国反复上演。在利比里亚，棕榈油巨头森那美与政府签订了一个为期 63 年的土地开发合同，涉及 31 万多公顷的土地，用于生产棕榈油。这次土地转让吞噬了大量农田，按照当地人的说法，这次转让无偿地摧毁了他们的生计来源。在加蓬，受到质疑的是新加坡的奥兰公司（Olam），当地人的权利被践踏，祖辈留下的土地被转让给了该公司。2010 年墨西哥的恰帕斯州议会作出批准扩建油棕种植园的决定后，生活在拉坎顿（Lacandona）森林里的奥克辛哥人（Ocosingo）就遭到了暴力驱逐，而这个地方属于墨西哥蓝山生物保护区（la réserve de Biosphère de Montes Azules）。十几名武装人员乘坐直升机到达村庄，不由分说地将男女老幼从他们的房子里赶走。在帕伦克（Palenque）地区，农民也怨声载道，他们被迫将土地出让，然后为种植园工作换取低廉的报酬。根据“其他世界”组织（Otros Mundos）的说法，有时农民根本就得不到任何报酬。有些用于生产农业燃料的种植园在当地创造的就业机会很少。发展的幻想变成了劳动力遭到剥削的现实："在油棕苗圃工作的男女工人经常连续好几个月收不到报酬，没有适当的劳动工具，工作条件极其恶劣，没有任何社会服务（如医疗、教育等）。"[①]

这些言论和行为在全球的很多油棕种植园都存在，也难怪种植园的工人说自己是现代奴隶。他们的工资低得难以想象，通常与收益挂钩。尤其是油棕果实装运工，他们按照装运的吨数计算工资（比如喀麦隆棕榈公司给出的工资是 0.64 欧 / 吨）。我在印度尼西亚和秘鲁还看到，用实物（袋装米、T 恤衫、香皂等）来给工人支付工资的情况也并不少见。为了避免违反劳动法的问题一再出现，这些廉价工人通常都以分包的形式被雇佣。如果遭到股东、消费者或者非政府组织的指责，种植企业就可以拿分包商不负责任这个被反复使用的借口作为挡箭牌。另一个被广泛采纳的做法是使用移民劳工，如在印度尼西亚，大部分工人并非来自种植园周边地区，而是来自其他的岛。人口迁移始于苏哈托统治时期，目的是缓解爪哇岛的人口过剩压力，为矿业和林业开采提供大量劳动力。这些背井离乡的工人更加弱势，也更容易被剥削。根据《森林人民纲领》（*Forest Peoples Programme*，*FPP*）触目

---

① 墨西哥《劳动报》（*La Jornada en linea*），参见 http://www.jornada.unam.ex/2012/03/25/ politica/020n1pol。

惊心的报告显示，在移民劳工中，女性受到的压榨是最严重的。在没有被告知潜在危险、没有保护措施的情况下，分配给她们的任务中包含喷洒农药，如百草枯[①]。这种农药不仅会危害健康，还会损害生物多样性。这个纲领还提到在柬埔寨、印度尼西亚、巴布亚新几内亚和菲律宾的种植园里卖淫数量、艾滋病和其他传染性疾病发病率的大幅增长。由于所得收入过低（以阿斯特拉集团子公司爪哇阿巴迪公司为例，2010 年公司员工的日工资是 3.6 美元），妇女们不得不寻找其他的收入来源来养活自己和孩子。[②]

至于那些对工作条件提出抗议的工人，虽然在某些情况下，他们的诉求得到倾听，最终被增加了一点点工资，或者工作条件有所改善，但大部分情况下，对他们来说，轻则诉求被无视，重则被解雇。在中美洲，解雇提出抗议的工人很

① 欧盟自2007年禁止使用百草枯，原因是这种杀虫剂会对神经系统产生有害作用，并与帕金森疾病有关。

②《东南亚的油棕扩张：趋势及对当地团体和土著民族的影响》（*Oil Palm Expansion in Southeast Asia : Trends and Implications for Local Communities and Indigenous Peoples*），森林人民纲领（Forest Peoples Programme）、棕榈油观察（Sawit Watch）等组织，2011 年；《油棕种植体系削弱妇女地位》（*The Oil Palm Plantation System Weakens the Position of Women*），棕榈油观察（Sawit Watch）、妇女团结争取人权（Women's Solidarity for Human Rights），2010 年，参见 http://wrm.org.uy/subjects/women/OilPalm_women_SW.pdf。

常见，农业工人国际工会拉丁美洲分支（Rel-UITA）[1]多次披露了这种行为。肆意解雇工人的同时，种植园还对他们采取报复性的驱逐，使他们在当地的种植园无法再找到工作。在这方面，种植园也介入了移民劳工的分包和雇佣。雇佣合同通常只有短短的几个月（两到三个月），到期后工人再签署期限相同的雇佣合同。这样企业就无须为季节工在劳工部进行登记，也就省去了正常应该提供的保险，种植园里 90% 的工人都属于这种情况。在热带国家，经济形势非常严峻（政治形势通常也是如此），因此就算工作条件极其恶劣，人们还是趋之若鹜。工作机会供不应求，移民工人的穷困很容易被利用。当他们认识到自己只是一个一次性产品，随时都可以被取代，又如何能对不稳定的合同或者低廉的工资作出抗争呢?

除了这种临时工，种植园也雇佣正式工，有正规的合同，但主要都是管理人员、工头、高级干部和小部分的当地工人。

这些做法也部分地说明了棕榈油和棕榈仁油受到追捧的原因。油棕收益如此丰厚，一年四季都结果，并且在制油业中的生产成本、机械化程度都是最低的，主要依靠的劳动力又是任人奴役剥削的——面对这样的作物，如何与之抗衡?农工业通过热带棕榈油找到了一种可靠的、容易的方法来大

---

①《世界雨林运动公报》，第 178 期，2012 年 5 月。

幅提高利润收益，这也是为什么马来西亚土地发展局全球创投控股公司能够上市，新加坡金光农业、嘉吉公司（Cargill）、奥兰国际等知名大公司在2012年销售放缓、利润整体下降的情况下仍然保持盈利的原因。

虽然十年前油棕还不为人所知，但非政府组织的宣传、研究人员的工作和记者的报道使得它不再默默无闻。有一些宣传让人震撼，产生了巨大影响，使得农业食品企业，特别是经销商立刻就作出了重大的决定。绿色和平组织用电视短片模仿奇巧巧克力（Kit Kat）和多芬香皂的广告，披露他们使用的棕榈油对环境产生的危害，使得联合利华、卡夫集团终止了与金光集团（Sinar Mas）和其他棕榈油企业的合同。其他几家经销商或者品牌（瑞典芬达斯食品公司、法国卡西诺超市、吉百利）也将棕榈油或者含棕榈油的产品从货架上下架。一些颇有影响力的行动也起到了引起消费者关注、给企业施压的作用。一部分企业在自己的产品中禁止使用棕榈油（但是，一窝蜂地转向其他取代棕榈油的植物油脂，难道就不会带来新的危害），另一部分则选择了认证体系和可持续性的方式（通过棕榈油可持续发展圆桌会议或者行业组织的认证，后者没有圆桌会议制定的标准那么严格，但是，相对于环境和社会的重要性，圆桌会议的标准也被认为过于宽松）。面对来自消费者的压力导致的变化，棕榈油企业以公关宣传和游说的形式进行反击，这是建立在谎言和恐吓的基础上的反击。

游说、谎言和诉讼

棕榈油工业，尤其是马来西亚棕榈油局，视谎言为公关的金科玉律。这样的例子不胜枚举。我们仅以其中一个广告为例。该广告精美至极，主题聚焦于发现地球的美丽和生命的奇迹。一个慢跑者先是经过一个类似森林的地方，然后是真正的大自然，一抬起头，我们就随着摄像机看到油棕叶随着热带的轻风起伏摆动着。景物间的切换画面是一张漂亮的彩色蜥蜴的图片。由蜂鸟、蝴蝶、青蛙、切叶蚁（这些动物大部分都生活在南美洲）组成的画面上印着对大自然馈赠的溢美之词，而作为观众的我们毫不怀疑它的存在，相信这是一份承载着生命的礼物。在夜晚单调的灯光下，我们的目光先是掠过一片壮美的森林，接着从天空俯瞰大片种植园，然后听到：这份礼物就是马来西亚棕榈油。但是，最精彩的还在后面，随着先前出现的这句话，紧接着的一大段话是："这些树带来了生命，帮助我们的地球进行呼吸。它的果实为我们的身体带来维生素，为我们每天的生活带来能量。马来西

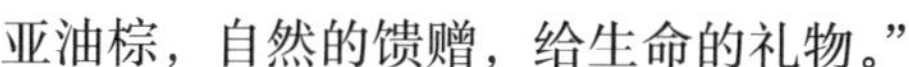

亚油棕，自然的馈赠，给生命的礼物。”

在金色（棕榈油的颜色）的背景下，出现了一行字：“马来西亚棕榈油，可持续生产，始于1917年。”[①]

在油里畅游

这种田园诗般的广告有一部分是在外部顾问艾伦·奥克斯利（Alan Oxley）的帮助下拍摄的。他曾任澳大利亚外交官，以非营利性协会的名义经营着一家智库“世界增长研究所”（WGI），该机构创立于2005年。用他们自己的话来说，这个机构的目的是促进市场自由化和自由贸易，从而在全世界结束贫困的循环。除此之外，艾伦·奥克斯利还是一家咨询公司的总裁，该公司名叫国际贸易战略咨询公司（International Trade Strategies，ITC），极力反对旨在减少温室效应气体排放的《京都议定书》（*le protocole de Kyoto*）。艾伦·奥克斯利是一个气候怀疑论者，是澳大利亚研究所的克莱夫·汉密尔顿（Clive Hamilton）形容的澳洲“十二金刚”[②]之一。另外，在他的众多头衔中，还有欧洲国际政治经济中心（ECIPE）高级合伙人、APEC澳大利亚主管——另一个倡导自由贸易、

---

① 参见http://www.youtube.com/watch?v=3zZIoqeuJf4。

② 参见http://altnews.com.au/drop/content/dirty-politics-climate-change-australia-dirty-dozen-accused。

公开反对《京都议定书》的智库。

因为破坏森林的行为被数次曝光的两大林业开发公司——常青集团（Rimbunan）和金光集团都与艾伦·奥克斯利的 ITC 公司有合作。常青集团是一家马来西亚林业公司，它不仅在本国进行了猖獗的毁林活动，在巴布亚新几内亚、印度尼西亚、加蓬、新西兰、赤道几内亚、俄罗斯亦是如此。除了开发木材和锯木业务，常青集团还有油棕种植园。在一份名为《无法触及——常青集团的森林犯罪世界及政治保护》（*The Untouchables – Rimbunan Hijau's World of Forest Crime and Political Patronage*）的长篇报告中，绿色和平组织谴责了常青集团对当地人民权益的践踏及其暴力行径，特别是在巴布亚新几内亚。因此，常青集团被其投资者之一花旗银行要求必须整改企业行为，并且获得森林管理委员会[1]认证，否则停止与之合作。ITC 公司还为一家印度尼西亚大型跨国公司金光集团提供服务。金光集团包括亚洲浆纸集团公司（Asia Pulp and Paper）和专门生产棕榈油的斯玛特公司。它的不法

---

① 森林管理委员会（Forest Stewardship Council，FSC），创立于1993年，是为了保证木材制品符合森林的可持续发展管理。

活动也多次被非政府组织和审计所揭露。①

通过ITC公司进行活动的同时，艾伦·奥克斯利还通过世界增长研究所为马来西亚棕榈油局进行了棕榈油宣传。在科学家发表公开信揭露艾伦·奥克斯利所鼓吹的谎言之后，他们的宣传变本加厉。艾伦·奥克斯利可谓是造假大王，他篡改研究人员的成果，随意歪曲甚至曲解他们的言论和数据来为己所用。因此，在他通过ITC公司发出的诸多说法中，我们可以看到诸如在巴布亚新几内亚的破坏森林行为没有提供有力的证据、油棕种植园存贮碳的速度比原始森林快得多、破坏森林的比例被非政府组织和反棕榈油的科学家过高地估计了、反对棕榈油工业就是反对与贫困作斗争，等等。他还以诺贝尔和平奖得主旺加里·马塔伊（Wangari Maathai）为例，指出她就是在与贫困作斗争。但是，在举这个例子的时候，艾伦·奥克斯利忘了虽然马塔伊确实是为消除贫困而斗争，但她是通过植树造林和保护她的祖国肯尼亚的森林来进行斗争，这些行动后来通过她创立的“绿带运动”（The Green Belt Movement）组织推广至整个非洲大陆。

---

① 由金光集团的子公司斯玛特公司资助的一次独立审计，在2010年证实，金光集团不顾印度尼西亚的法律进行了泥炭地开垦；在未得到环境许可的情况下，擅自开发8~11块特许经营土地；在审计内容所覆盖的10~11个方面，违反了棕榈油可持续发展圆桌会议关于高保护价值的规定。

艾伦·奥克斯利曾声称十二名研究人员所说的“保护森林就是保护最贫困的人”是一种虚伪，面对研究人员对其言论的驳斥，他毫无畏惧地使用了含糊其词、站不住脚的对比和形式主义的推论进行反击。他反击说保护这种生活方式，即狩猎采集者的生活，就是在保护婴儿高死亡率，维持文盲和过短的寿命，并总结为这无异于将游牧民族圈禁在露天动物园里，纯粹是为了让那些环保主义者高兴。[①]

在跟我的多次谈话中，波斯纳 - 密阿迪克·阿波利利奈尔（Bossina Miadik Apollinaire）总是说：“森林，就是我们的灵魂。没有它，我们就无法生存。”他说的是他和他的族人巴卡人生活的地方。巴卡族是一个俾格米人部落，俾格米人生活在刚果盆地中心，世世代代与热带丛林密不可分。森林是他们的住所、食品储藏地、药店，是他们神话、历史的汇聚地，也是他们祖先生活的地方。如果问巴卡人或者生活在刚果盆地的其他狩猎采集民族如何看待他们的定居生活（在殖民时代，他们被强迫定居下来，之后这种生活方式被延续下来），答案永远是一样的：随着属于他们的森林的减少，他们感到迷失，无所适从；他们知道自己正在经历着本民族文化的消亡，他们的民族在现代化中慢慢消失。

---

① 参见http://dotearth.blogs.nytimes.com/2010/10/29/scientists-spar-with-defender-of-palm-oil-and-pulp-firms。

这十二名学者在回复艾伦·奥克斯斯利时指出，棕榈油确实提供了大量就业机会，从这一点来说它带动了发展，但森林成片地被损毁带来了巨大的社会成本。先祖留下的土地被侵占，驱逐、暴力和不履行赔偿成为棕榈油行业的家常便饭。然而，艾伦·奥克斯斯利的世界增长研究所和国际贸易战略咨询公司对此几乎避而不谈。

在另一个例子中，艾伦·奥克斯斯利宣称绿色和平、世界自然基金会等非政府组织进行的停止砍伐森林的宣传是荒谬且毫无根据的。为了论证自己的观点，他首先引用了《生物多样性公约》（CBD）所有缔结方都同意的一个观点：为了保护生物多样性，全球10%的森林应该被保护起来。在艾伦·奥克斯斯利看来，这纯粹是一个政治决定，其言下之意是这个决定没有可靠的科学研究作为支撑。更有甚者，他还声称这个目标已经达到，并且超过了该公约的预期。确实，按照他从联合国粮农组织那里翻出来的数据，南亚和东南亚21%的森林已经被保护起来，目的是维持生物多样性，这远远超过了公约确定的目标。他还补充说，根据联合国环境规划署的数据，热带有21%的森林被划入保护区，而在温带，这个比例只有13%。最后，他将砍伐森林的责任归咎于最贫困的群体，声称大企业和种植园创造了就业机会，使得贫困人群无须再砍伐森林。因此，棕榈油企业是停止森林土地用途转换的最佳工具。

为了提醒大众对世界增长研究所和国家贸易战略咨询公司的行为有所提防，在一封公开信中，学者们对艾伦·奥克斯利的这些谬论逐一进行了反驳。他们指出，这两个机构完全无视诸多相关的科学成果，特别是关于印度尼西亚砍伐森林的比例和棕榈油企业在森林植被消失中扮演的角色的研究。学者们还指出，艾伦·奥克斯利领导的这两家机构尤其精通歪曲事实。首先以碳储量问题为例。如果说新建立的种植园能够很好地储存二氧化碳，相当于成熟的种植园每公顷面积能储存 40~80 吨的生物量，其中 50% 是碳，但是，改造成种植园之前的森林每公顷的储量是 200~400 吨。此外，这两家机构对森林大火及其造成的温室效应气体排放只字不提，然而其影响之大让人不容忽视。贫困人群应该为砍伐森林（高达三分之二的比例[①]）负责的断言，更是狂妄自大。

此外，在公开信中，这些学者强调了他们的独立性（他们分别来自澳大利亚詹姆斯·库克大学、美国乔治·马松大学、英国皇家植物园丘园、美国斯坦福大学、伦敦帝国理工学院、瑞士联邦技术学院等机构）和他们在气候、生物多样性、人类发展、社会科学、植物学和自然保护领域的专业性。为了让自己显得可信，艾伦·奥克斯利和他的两家机构肆意将所有

---

① 参见 http://www.worldgrowth.org/assets/files/WG_Palm_oil_ColDam-Report_12_09.pdf.

批判棕榈油的人与“绿色”极端组织联系在一起[1]，但恰恰相反，学者们的举动与任何环境组织都毫无关系。学者们还指出，除了这些谎言和歪曲事实的言论，艾伦·奥克斯利和他的两家机构对他们与从事林业开发的跨国公司、油棕工业种植园之间的财务关系却缄口不言。当被直接问到这个问题时，艾伦·奥克斯利拒绝回答：“全球很多报纸都问过我这个问题，但我只有一个答复：我无权透露这些信息。到底是哪些机构在支持世界增长研究所？这个问题毫无意义。”[2] 这十二名学者最后总结到，奥克斯利和他的两家机构依靠的是油棕种植、纸浆制造和林业开发巨头的资助，因此，他们应该被视作企业雇佣的游说集团，而不是独立的非政府组织。独立的非政府组织的资金来源必须是透明的，就像遭到艾伦·奥克斯利之流公开强烈批评的绿色和平组织或者世界自然基金会。

最近，马来西亚棕榈油局的两个电视短片又被禁播，它们曾在 2008 年、2009 年两次被英国广告标准管理局禁止在英

---

① A. C. 列夫金（A. C. Revkin）：《科学家与棕榈和纸浆公司辩护者展开争论》（*Scientists Spar with Defender of Palm Oil and Pulp Firms*），《纽约时报》（*New York Times*），2010 年。

② 参见 http://biza.thestar.com.my/news/story.asap?file=/2010/8/14/business/6853110&sec=business。

国播放，原因是涉嫌虚假广告。[①] 其涉及的广告词有“绿色方案”。广告声称，就日常食品制作和生物燃料所需的油料而言，棕榈油是唯一一种能够满足全球需求量的产品；就环境而言，棕榈油是有效且可持续的；棕榈油还有利于缓解贫困，特别是农村人口的贫困。正是这些话导致了该广告被禁播。这对游说集团而言是一个惨痛的失败，因为马来西亚棕榈油局在这件事之后就疏远了他们。此外，并非所有的棕榈油企业都喜欢这种广告，因为荒谬可笑的谎言损害了整个行业的声誉。

为什么要花这么大的篇幅来讲这样一个人？因为欧洲议会和其他国家或国际重要决策机构的走廊上充斥着这样的游说集团，为了让对他们有利的法律得到通过，他们不仅给议员、政府施压，也给公众施压。关于这一点，我在布鲁塞尔参加由欧洲议会组织的“绿色周”会议时深有体会。当我在发言中提到棕榈油破坏森林时，下面立刻响起了一些充满恶意的反对声，后来证实这与马来西亚棕榈油局有关。该机构正在筹建欧洲棕榈油局，目的是强化它在欧洲的存在感和影响力。一位对交通行业颇有研究的议员告诉我，棕榈油的游说集团无处不在，并且实力强大，欧盟 2020 年生物燃料发展

① 参见 http://www.guardian.co.uk/media/2009/sep/09/asa-palm-oil-advert-banned。

⑧ 参见 http://www.guardian.cn.uk/environment/2008/jan/09/forests.foof。

目标背后就有他们的身影。

喀麦隆棕榈公司（Socapalm）、法国波洛莱集团（Bolloré）与记者

勒内的手臂指向天边，他显然已经出离愤怒了，他说：

在您看到的那片家传的土地上承载着我所有的计划和希望。但是，喀麦隆棕榈公司一上来就毁掉了我的鱼塘，然后他们修建了水沟将我的地淹没。我失去了两公顷的地，所有的收成毁于一旦。喀麦隆棕榈公司嘲笑我，让我倾家荡产。我与它打了十八年的官司，从头到尾就是一场闹剧。喀麦隆棕榈公司开凿了一条大沟，穿过我的农田，那是他们的排污渠，工厂流出来的污水毁了我的田。他们毁了我所有的庄稼。他们也毁了我。田里什么都长不出来了，滚滚黑烟从工厂里飘出来，遮天蔽日。什么都长不出来，什么都结不出来。自从 1978 年这个工厂建立以来，喀麦隆棕榈公司的污水就没有排走过，它毁了我的田地，冲走了土壤。第一场官司判决棕榈公司对污水排放进行室内处理，但时至今日，污水还在露天排放。人们在水里捞废弃油渣用来制造肥皂。棕榈公司凿的沟有十二米深，沟的另一边就是我的地，他们把我的地一分为二。我无法再耕种，这太可恶了。我去法院告他们毁了我的鱼塘。我们计算了一下，如果鱼塘没被

> 毁我们应得的收入是600亿中非法郎。在多次试图与他们友好协商无果后，1993年我状告了喀麦隆棕榈公司。第一次法院判我胜诉，但棕榈公司提出了上诉，法院让专家进行了实地鉴定，可是上诉法院作出判决的时候根本就没有考虑中间判决[①]。法庭从来没有考虑过专家鉴定。棕榈公司被判赔偿我500万中非法郎，相对于专家提出的9100万中非法郎，这简直就是九牛一毛。这次官司适逢喀麦隆棕榈公司被私有化，因此阴谋变得明目张胆。他们勾结所有人，甚至看门人，于是就有了那样的判决。法院根本不顾自己下令进行的专家鉴定。[②]

在喀麦隆的姆邦乔省（Mbonjo），这样的事情比比皆是。谈到从1973年开始在此设厂的喀麦隆棕榈公司，饱受掠夺、侵犯和污染的村民们滔滔不绝。排列整齐的油棕树取代了该地区大部分的房子和田地。

自从在此建立棕榈果榨油厂开始，喀麦隆棕榈公司就从未重视过污水排放问题。是忘了？还是一种故意针对那些过于珍惜自己土地的“勒内先生们”的策略？临时开凿的下水

---

① 中间判决是法院在诉讼期间就诉讼双方的某一争议进行的预审或采取的临时措施，并不是最终裁决。

② I. A. 里奇（I. A. Ricq）和D. 农巴（D. Nomba）在当地进行的采访实录。

道随意蔓延，在几年前还属于勒内先生的田地上流淌着，慢慢形成的沟壑将他的地一分为二，污水冲刷并污染着土壤，土地从此变得无法耕种。

力量对比悬殊、蔑视民众，这就是喀麦隆棕榈公司依仗的方法。该公司成立的时候还是国企，自从2000年私有化以来，接手该公司的人利用已有的绝对优势，变本加厉地仗势欺人，为了获取更多的利润不择手段。曾经有一些乐观的喀麦隆人希望西方人的到来多少能够带来一些公正，但是，他们迎来的是巨大的失望。虽然接手该公司的索科菲诺（Socfinal）集团是比利时公司，但人们发现它的股东中有樊尚·波洛莱（Vincent Bolloré）的名字及其同名公司。2007年至2008年以来，波洛莱集团及其行为，尤其是在喀麦隆的所作所为，受到了媒体报道的抨击。

对研究油棕毁坏森林、践踏当地人民权益的学者进行诋毁，是一些人乐此不疲的一项运动。有的使用“匹诺曹式修辞”[1]，有的则成为诽谤诉讼的拥趸。在法国，樊尚·波洛莱就属于这种情况。几年来，他一直在加大诉讼数量，其中充当主力的是他主要控股（控股额高达38.75%）的索科菲诺集团旗下的喀麦隆棕榈公司，这也是喀麦隆最大的油棕开发公

① 匹诺曹式修辞指的是爱撒谎。

司。该公司2010年针对法国法语国际新闻广播电台（France Inter）、伯努瓦·科隆巴（Benoît Collombat）、伊莎贝尔-阿莱克斯桑德拉·里可（Isabelle-Alexandra Ricq）、大卫·赛尔夫诺（David Servenau）、皮埃尔·阿斯基（Pierre Haski）和法妮·皮戈（Fanny Pigeaud）[①]的官司充分展现了他们赫赫有名的法律恐吓战略。《解放报》（*Libération*）和《基督证言报》（*Témoignage chrétien*）也因为报道了喀麦隆棕榈公司践踏社会和环境权益付出了代价。其实，伯努瓦·科隆巴在制作关于喀麦隆的波洛莱帝国的报道时，就已经有记者将波洛莱称为非洲大陆的“章鱼波洛莱”（la pieuvre Bolloré）[②]，因此他并不是第一个关注这个问题的人，但他的报道《喀麦隆：樊尚·波洛莱的黑色帝国》（*Cameroun, l'empire noir de Vincent Bolloré*）于2009年3月29日在《洞察》（*Interception*）节目中播出，产生了不容忽视的影响。2009年6月26日，节目主管让-保罗·克鲁泽尔（Jean-Paul Cluzel）、两名记者利昂内尔·汤姆逊（Lionel Thomson）和伯努瓦·科隆巴以及法国国家广播公司（Société nationale de radiodiffusion，简称Radio

---

① 伊莎贝尔-阿莱克斯桑德拉·里可，摄影师；皮埃尔·阿斯基，就职于报纸《89街》（*Rue 89*）；法妮·皮戈，就职于Slate杂志非洲版。

② 参见2000年法国拉赫玛丹出版社（L' Harmattant）出版的《波洛莱：垄断、全包服务、非洲触手》（*Bolloré : Monopoles, services compris, tentacules africains*）一书的评论。

France）因为被控公开诽谤他人而被传唤出庭。他们受到指控的原因是言语“有损樊尚·波洛莱和波洛莱集团的名誉和尊严”。这项指控涉及节目的六个片段，其中包括报道开篇的几句话——正是这些话使得利昂内尔·汤姆逊被控诽谤并被法庭传唤——“针对在非洲的这些业务，伯努瓦·科隆巴和迪迪埃·苏德尔（Didier Sudre）赴喀麦隆进行了实况土地调查，从喀麦隆人民那里收集到了第一手证词，证词表明波洛莱集团是一个毫不顾忌该国发展和员工福利的工业帝国，它继承了‘法国的非洲’的那一套做法，而就在上周四和周五，萨科齐总统在出访非洲时表示要与这种做法决裂。请看报道《喀麦隆：樊尚·波洛莱的黑色帝国》。”

在该报道中，伊莱尔·刚加（Hilaire Kamga）对“法国的非洲”进行了揭露。他是喀麦隆新人权协会主席，也是喀麦隆主张通过选举实现政权更迭组织的联合发言人[①]。诉讼针对的主要就是他的这些话，但是，对于只问了伊莱尔·刚加三个问题的伯努瓦·科隆巴，人们会想：他不过是在做记者该做的工作，何错之有？其他几个片段情况也是如此，他仅仅在提问而已，除了在对方回答后陈述几句事实和求证一下。因此，就如对此次诉讼作出回应的各家媒体所言，这次诽谤

① 保罗·比亚自1982年一直担任喀麦隆总统，他被指控多次践踏人权，特别是2011年非法监禁他的总统选举对手。

案不过是针对法国国内广播电台，或者更广义地说，针对法国国家广播公司和新闻界的恐吓手段而已。以下是该报道中涉及棕榈油公司，确切地说，是涉及喀麦隆棕榈公司的一段录音稿：

贝伯（喀麦隆棕榈公司员工）："就拿割棕榈的人来说，他们没有任何保护措施，没有头盔，有两个人就因为这样受伤了。其中一个人伤在眼睛，汁液喷出来击中了他的眼睛，他就这样失去了一只眼睛。"

伯努瓦·科隆巴："没有保护措施？"

贝伯："没有，确实没有，没有靴子、头盔，人们就那样工作。一簇棕榈果重30到35公斤，搬运工用小推车推着，在沼泽地里推着，到处有树桩，每簇果实却只付给搬运工17中非法郎。"

伯努瓦·科隆巴："那就相当于0.01欧元，可以说微不足道。"

贝伯："没错，微不足道。你看到那些下班的人没有？他们早上五点出门，下午两点左右回家。有人搬运了大概200簇棕榈，就算他已经搬了200簇，能挣多少钱？大概2200中非法郎，他吃什么？靠什么交房租？靠什么养家糊口？只能靠身体，但就算是身体也没有社会保险。"

伯努瓦·科隆巴："住宿条件如何？"

贝伯："先说我自己吧，我和妻子还有四个孩子，我们都住在一间屋子里。一间屋，就这样。"

伯努瓦·科隆巴："没有厕所，没有卫生间？"

贝伯："没有厕所，只能挡一下。"

伯努瓦·科隆巴："那洗澡呢，怎么办？"

贝伯："去有水的地方自行解决。"

伯努瓦·科隆巴："您的意思是？"

贝伯："去那边的小河洗澡，我妻子要洗澡的话得等到夜里，等到天黑她再洗。"

伯努瓦·科隆巴："喀麦隆棕榈公司就没考虑过建一些设施，如卫生设施、浴室？"

贝伯："我觉得他们没想过，没想过，因为我给上面写过信，一年前。"

伯努瓦·科隆巴："您要求过？"

贝伯："我要求过，但没有下文。与为油棕树工作的人相比，公司更重视树。我们能怎么办呢？只能忍受。如果要我总结一下的话，我相信您已经有结论了，我可以告诉您，我们经历的是现代奴隶制，在这里，喀麦隆棕榈公司。"

伯努瓦·科隆巴："另外一名喀麦隆棕榈公司的员工

向我们证实了刚才所说的工作条件。他也带着妻子和三个孩子生活在一个种植园里，他为棕榈公司工作了11年，他将它比作监狱。他愤怒地说，就算喀麦隆棕榈公司被私有化了，喀麦隆人并没有被私有化。类似这样的口述在巴塞罗那大学2008年发布的一份资料翔实的论文里也有很多。”①

如果说喀麦隆棕榈公司成为员工口头谴责的直接目标，樊尚·波洛莱和波洛莱集团却是夹杂在别的公司里一起被批评的，就像勒内先生的官司里陈述的那样。记者指出喀麦隆棕榈公司是比利时索科菲诺集团的子公司，而波洛莱集团与它的传统合作伙伴比利时法布里（Fabri）家族一起持有索科菲诺集团40%的股份。但是，虽然让-保罗·克鲁泽尔（作为主犯）和伯努瓦·科隆巴（作为共犯）承认关于喀铁路公司（Camrail）和杜阿拉港口（port de Douala）转让的节目片段构成了对樊尚·波洛莱和波洛莱公司的公开诽谤，针对喀麦隆棕榈公司的言辞也被法庭认为构成诽谤，但是，诽谤者被无罪释放，因为他们的所作所为是出于善意。法庭“很遗憾法国国内广播电台未能对喀麦隆棕榈公司正式员工的命运和以劳务分包形式雇佣的日工的命运进行严格区分”。在印度

① 这一部分节选自2009年3月29日的《洞察》节目。

尼西亚、马来西亚、喀麦隆或者哥伦比亚的油棕种植园里，通过分包公司雇佣日工的情况非常常见。如果这个论据成立的话，我们立马可以将分包商的所作所为归咎于喀麦隆棕榈公司，因为是它在出钱并发号施令。

此外，判决还提及了报道中援引的众多证词和证据可以作为一种辩护。证据包括一名神父和市议员遭到逮捕，因为他们指出在遵守安全标准和职业病、事故预防方面，棕榈公司没有任何解决措施或者严重缺乏相应设备。一名工厂医生让·邦第厄（Jean Pontieu）给出了一份资料，指出他无法正常关注喀麦隆棕榈公司 320 名正式工和分包公司雇佣的 2400 名日工的身体状况。顺便提一下，这位医生已经被喀麦隆棕榈公司解雇。很多证人在辩护过程中描述了安全措施的欠缺和住宿条件的不好，不同的受访者在这方面都给出了同样的说法，其中有一位市政议员、一位神父和包括朱利安 - 弗朗索瓦·吉尔贝（Julien- François Gerber）、伊莎贝尔 - 阿莱克斯桑德拉·里可在内的好几位证人。朱利安 - 弗朗索瓦·吉尔贝是一位研究农业经济的瑞士博士生，2006 年至 2007 年曾对喀麦隆棕榈公司的种植园进行过研究。伊莎贝尔 - 阿莱克斯桑德拉·里可是一位摄影师，也曾进行过一项涉及这个种植园的工作。这些来自不同行业的人给出的各种证词大大增加了关于油棕种植园工作和生活条件的说法的可信度，也就是伯努瓦·科隆巴报道中的说法，巴黎第十七轻罪法庭如是指出。

朱利安 - 弗朗索瓦 · 吉尔贝和伊莎贝尔 - 阿莱克斯桑德拉 · 里可只是在各自的工作中转述了种植园经理巴尧的话，他表示对工人的“生活条件感到痛心”，“很遗憾”投资只用来翻修工厂而不是改善让工人受益的基础设施，他几年前就认为工人的生活条件“糟透了”，或者说“不认为喀麦隆棕榈公司的住宿条件比附近村子里传统的住宿好多少”。

波洛莱集团也提出了对自己有利的证词，证词来自种植园秘书长和喀麦隆棕榈公司董事会主席。他们指出，波洛莱集团作为索科菲诺集团的小股东，不对喀麦隆棕榈公司的直接管理负任何责任，棕榈公司支付的最低工资是喀麦隆最低工资标准的 1.5 倍。公司不仅为工人们提供了住房和水电，还有一个医务室给工人看病，有两所高中用以保证职工子女的教育。由于卫生、学校、电力、食堂的配套设施，附近的村民都被吸引过来，有的甚至把家安在了棕榈公司的厂区里，棕榈公司也没有把他们赶走。

然而，需要指出的是，除了喀麦隆棕榈公司的正式工，还有大量通过劳务分包公司雇佣的日工。他们的工资、生活条件和最低工资标准与种植园总经理、董事会主席描述的“伊甸园”相差甚远。

最后，这个关于波洛莱公司在喀麦隆业务的报道，其合法性被认为无可置疑，更何况媒体已经大量涉足过这个主题。至于所谓的带有诽谤性质的言论，我们应该知道，从法律上来讲，这些言论确实构成诽谤，因为它带有恶意。但是，它也可以被认为是无罪的，尤其是诽谤者出于善意，证明他是为了合法的目的，与私人恩怨毫不相干，并且他给自己设定了很多要求，特别是严谨的调查和谨慎的言语。虽然判决书对记者的中立性提出质疑，但判决也明确指出罪犯并没有违反调查的原则。大概在节目播出前一个月，伯努瓦·科隆巴联系了波洛莱集团的公关部门，告知节目的主题，并且请求对樊尚·波洛莱进行相关采访，但被干脆地拒绝了。最后，在报道播出的前一晚，“运输与物流”业务主管拉丰接受了伯努瓦·科隆巴的采访。虽然采访无法被放进报道中，但在节目的最后还是提到了该采访，完整的采访也被放到了节目的网站上。

面对这些细节和新闻自由的基本原则，我们不禁会想：樊尚·波洛莱和波洛莱集团提起此次诉讼的动机何在？这场官司的后续也许能作出一些解释。

2009 年 12 月 11 日，在伯努瓦·科隆巴被传讯出庭四个月之后，轮到了伊莎贝尔 - 阿莱克斯桑德拉·里可因为另一个诽谤官司被要求出庭，一同被传讯的还有瑞贝卡·芒索尼（Rebecca Manzoni）、让 - 吕克·赫斯（Jean-Luc Hees）和法国法语国际新闻广播电台。这位摄影师在做客《折中派》[①]节目时谈到了她关于喀麦隆棕榈公司的作品，诉讼就是针对她的这些言论提出的。节目中再一次提到种植园没有保护措施，如工人没有头盔和手套，以及种植园对俾格米人的影响：他们因为种植园的扩张被迫搬迁，他们由于森林被毁而失去了打猎的地方，只能吃老鼠，最后提出村民被棕榈公司夺走了土地。伊莎贝尔 - 阿莱克斯桑德拉 · 里可在节目中将其形容为偷窃土地，诽谤官司显然针对的是这一段。起诉书提到“法国法语国际新闻广播电台、它的代表以及记者们决定继续在同一条路上走下去，针对非洲的业务，对樊尚 · 波洛莱及其公司的形象进行抹黑、诽谤、恶意中伤。这种近似骚扰的顽固给樊尚 · 波洛莱及波洛莱公司造成了损害，而需要指出的是，该公司是极少数几个为非洲大陆发展作出贡献、并努力保证当地经济稳定和工业高效发展的法国公司之一”。

虽然这些伤害看起来很严重，2010 年 6 月 18 日，樊尚 · 波洛莱和波洛莱公司还是撤回了这个诽谤指控。撤诉显得有些奇怪，但可能是因为被告考虑对前一个诉讼的判决提出上诉。最后，经过双方律师的协商，法国国内广播电台、让 - 保罗 · 克鲁泽尔和伯努瓦 · 科隆巴接受判决书的条款，最

① 折中派（Eclectik）是法国法语国际新闻广播电台的一档时事谈话节目。——译者注

终判决成立。他们只需支付 2 欧元的支票，即象征性地给樊尚 · 波洛莱和波洛莱公司各支付 1 欧元。

为什么最后还是没有上诉呢？因为“让 - 吕克 · 赫斯直接向樊尚 · 波洛莱先生保证今后在法国国内广播电台播出的言论将会被更好地控制，力求有损于个人或者公司名义和尊严的言辞将不再被传播”。

人们是否可以从此事中得出结论：樊尚 · 波洛莱和他的公司成功地封住了媒体的口，他们不会再冒险去制作有关樊尚 · 波洛莱及其公司业务的节目？不管怎么样，这件事不由得人们不这么想。法国国家广播公司还敢再播放关于波洛莱公司和樊尚 · 波洛莱本人的报道或者与之相关的节目吗？自从关于伯努瓦 · 科隆巴官司的文章发表后，樊尚 · 波洛莱和他的公司通过波洛莱集团的律师巴拉特利向媒体发律师信，又恐吓了其他媒体，使他们因为被指控诽谤而上庭受审。[①] 此外，关于伊莎贝尔 - 阿莱克斯桑德拉 · 里可的作品和她出庭受审的文章也突然被从《新观察家》(*Le Nouvel Observateur*)上撤下来。2010 年底，几家非政府组织在法国、比利时和卢森堡提出了针对波洛莱公司（法国）、战神广场财务公司（Financière du

①《基督证言报》《新观察家》《89 街》《解放报》2013 年刊登了一篇有关赫拉克勒斯农场公司的文章，讨论喀麦隆油棕种植园问题，配图是喀麦隆棕榈公司的照片。

Champ-de-Mars，比利时)、索科菲诺（Socfinal，卢森堡）和跨文化咨询公司（Intercultures，卢森堡）这四家控制喀麦隆棕榈公司业务的公司的特别情况审查申请[①]，通常被称为经济合作与发展组织（OCDE）诉讼，媒体几乎没有报道过这件事。这几家非政府组织是SHERPA(法国)[②]、MISREOR(德国)[③]、环境与发展中心（喀麦隆）、FOCARFE(喀麦隆)[④]。他们提供了一份资料翔实的报告，在报告中曝光了大量喀麦隆棕榈公司侵犯当地社会、环境权益的证据，同时还揭露了种植园工人的工作、生活条件，并且提到了一家安全公司——喀麦隆非洲安全公司（Africa Security Cameroun）。这家安全公司是由一位法国退役军人帕特里克·图尔班（Patrick Turpin）创立的。据这几家非政府组织称，这个准武装部队破坏、摧毁村

---

① 任何个人、机构或者集体只要认为跨国公司的所作所为和业务违反了经济合作与发展组织的指导原则，都可以正式提出特别情况审查的申请。

② Sherpa原意为尼泊尔的夏尔巴人，以给攀登珠穆朗玛峰的人当向导和挑夫而闻名。这里是指法国一家以保护和捍卫经济犯罪受害者为主旨的协会，创立于2001年。该协会专门以夏尔巴人为名，以示对弱势群体的支持。——译者注

③ MISREOR是位于德国的一家天主教会组织，以在非洲、拉丁美洲、亚洲、大洋洲反对贫苦和不公正，以及帮助弱势群体为己任。——译者注

④ FOCARFE是喀麦隆一家环境与可持续发展非政府组织，创立于1991年。

民住宅，毒打偷窃种植园油棕的村民，种植园周边因之笼罩着真正的“恐怖气氛”。这份令人触目惊心的控诉报告中还提到了强奸和谋杀。《外交世界》（*Le Monde diplomatique*）杂志发表了一篇关于此次控告的文章后，波洛莱集团行使了答复权，指出它与喀麦隆棕榈集团的管理毫无关系。它只是一家种植园的大股东，这家种植园属于喀麦隆非洲林业与农业公司（SAFACAM）。波洛莱集团自称这个种植园是非洲的模范种植园，最后指出这些非政府组织所言全然不对。

然而，在我找到的一份波洛莱集团投资年报中，喀麦隆棕榈公司被清清楚楚、明明白白地列入该集团种植园业务版块中。该年报显示波洛莱集团是索科菲诺集团的大股东，持有该集团 38.75% 的股份，而索科菲诺的业务领域集中在油棕种植上。波洛莱集团还持有索科菲亚洲公司（Socfinasia）21.75% 的股份。索科菲诺公司在印度尼西亚经营着 14 万公顷的种植园，同时持有位于该国的索科菲多公司（Socfindo）90% 的股份，该公司主要从事油棕和橡胶种植。在非洲，喀麦隆的喀麦隆棕榈公司和瑞士农场拥有共计 3.1 万公顷的油棕。仍然是在喀麦隆，索科菲诺公司通过另外一家公司萨发（Safa）经营着 8000 公顷的油棕种植园。波洛莱集团和索科菲诺公司还在科特迪瓦、利比里亚涉足了油棕种植。此外，他们还涉足了其他种植业：在肯尼亚种植咖啡、玫瑰，在美国种植棉花、玉米和花生，在法国种植葡萄。需要指出的是，这个年报往后翻几页就是该集团通过种植业特别是索科菲诺油棕种植创造的利润。

波洛莱集团在回应时声称它与喀麦隆棕榈公司的管理毫不相干，但投资年报上的细节与之无法吻合。那些反反复复的诉讼战，违背了新闻自由的基本权利，从此似乎成了恐吓媒体和记者的手段。

但可悲的是，正如新闻和环境无国界记者在一份调查[①]（其中引用了前面提到的诉讼）中指出的，波洛莱集团并非个例。无国界记者指出，进行气候变暖特别是砍伐森林和工业污染的调查是一项危险的工作，主要的阻碍是企业家和当地政府狼狈为奸。他们对试图曝光他们恶劣行径的记者进行收买和恐吓。尽管经常被蔑视和贬低，环境新闻报道就像战争报道一样，也存在危险，记者和博主被逮捕、失踪、遭到威胁的数量在不断增加。在印度尼西亚，好几位记者在对油棕，尤其是种植园及其在周边的所作所为进行调查时，遭到已将业务转向油棕种植的前林业大亨们的威胁和伤害。恐吓和腐败更是数不胜数，无国界记者提到几个例子，其中有一名记者穆罕迈德·乌斯曼（Muhammad Usman），他是苏门答腊占

①《高风险调查：砍伐森林和污染》（*Des enquêtes à hauts risques: Déforestation et pollutions*），无国界记者（Reporters sans frontières），2010 年 6 月。

碑（Jambi）省当地电台的记者。2010年，他在对塔博多农业公司（Tabo Multi Agro）的种植园进行调查时，被金光集团的保安逮捕，照相机的存储卡被没收。事后被问及此事时，金光集团的发言人矢口否认。2009年，媒体界流传着一份收受了金光集团贿赂的当地记者的名单。据一位记者说，这种贿赂非常常见。他在生病住院时，金光集团的一位负责人去看望他，并且提出给予他金钱上的帮助。2009年1月，我与两名导演——多米尼克·爱讷甘（Dominique Hennequin）、梯埃尔·斯莫奈（Thierry Simonet）在婆罗洲南部拍摄棕榈油纪录片时，也数次听到过类似这样的关于恐吓和贿赂的故事。马来西亚也是如此，研究人员受到威胁：如果他们再接待报道砍伐森林和棕榈油问题的记者，政府就不再为他们继续发放研究许可。

整体而言，虽然在全球范围内，以砍伐森林、破坏环境、油棕种植园无视社会权益等问题为主题的媒体封面非常多，但都只是非常笼统的报道。只是从整体上曝光事实，当涉及对某些公司应负的责任进行更详尽的调查时，事情就变得复杂，结局通常是要么塞给记者封口费，要么就是对他们进行粗暴的恐吓或者起诉。种植行业，特别是油棕种植的回报如此丰厚，很多企业在利润面前毫不让步，全然不顾对环境和社会造成的影响，千方百计地遮掩他们的行为。

4

有机认证、棕榈油可持续发展圆桌会议：解决之道？抑或希望的幻灭？

达朋集团：被质疑的楷模

如果仔细清查一下有机食品柜台，我们会发现大部分食品都含有棕榈油。当我们稍微关注一下棕榈油，并对油棕的单一化种植对森林、森林里的民族和动物产生的影响有所了解时，会对此感到震惊。这么多富含棕榈油的产品，使得这些店和它们印有“有机”字眼的商标显得名不副实。相关负责人会告诉你，这种棕榈油与大连锁店里普通产品中的棕榈油没有任何关系。它是生态环保的、正义的，与砍伐森林没有关系。对此我深表怀疑，于是我决定继续调查，弄清楚这种与众不同的棕榈油来自何处。这些棕榈油，一小部分来自巴西，但进入法国市场的棕榈油主要来自哥伦比亚。通过哥伦比亚棕榈油在法国的分销商布洛什南公司（Brochenin），我们与位于哥伦比亚圣玛尔塔（Santa Marta）附近的达朋集团（Daabon）取得了联系。

圣玛尔塔位于加勒比海地区，周围淡水丰富，因而转向发展农业。远处，山顶被积雪覆盖的内华达山脉身形雄伟，像是在守护着这个地区。这里的绝大部分农田都用于种植香蕉。大清早，天还没亮，我们就被天空中不绝于耳的飞机轰鸣声吵醒。大批的小飞机是来喷洒农药的。达朋集团是一个家族企业，自 1914 年开始就在这个地区经营香蕉、可可、咖啡种植业务，近年才涉足油棕种植。油棕种植园主要位于圣玛尔塔的西部和巴兰及利亚（Barranquilla）的南部地区。一到达朋的油棕种植园，最引人瞩目且让人称奇的是油棕树的粗细程度——达到了亚洲油棕的两倍粗，这足以说明它们的年代久远。种植园里最老的一棵树已经 35 岁了，并且还在继续结果，而其他地方的油棕平均寿命不超过 25 岁（超过这个年数，油棕会慢慢地减产）。

达朋种植园的第一个优点，就是这些种植园建立在以前的农田上，主要是香蕉园上，并不是砍伐森林的产物。我们所在的地方属于联合果品公司，该公司涉足农业的历史已经超过一个世纪。远处那一片深绿色就是森林入口和内华达山支脉。但是，达朋集团表示不打算在马格达莱纳（Magdalena）地区扩建种植园。不得不承认，在特肯达马（Tequendama）种植园参观农业开发的几个小时，给我们留下了非常好的整体印象。种植园使用动物拉车来运输油棕果簇，租用了 70 头牛供该集团在这个地方的三个种植园共同使用。他们还告诉我们，为了进行生态控制，达朋集团禁止使用除草剂和杀虫剂，取而代之的方法是为卡斜条环蝶（Opsiphanes cassina）幼虫（即一种能够导致油棕大量落叶的可怕昆虫）和其他有害昆虫设置陷阱。在一个专门进行生物控制的建筑物里，达朋集团针对各种有害棕榈树的昆虫，进行真菌培育。这种一体化的做法源于现任总经理的父亲——达维拉先生的想法。他曾经营过养殖业，后来转向棉花和香蕉种植。但是，棉花和香蕉对化工企业的依赖非常大，企业的所有利润都用于购买肥料和杀虫剂了，因此他才决定转向油棕种植，试图摆脱对化学品的依赖。慢慢地，达维拉先生减少了肥料和杀虫剂的剂量，取而代之的是一些天然的方法，比如种植豆科植物（三裂叶野葛），使之覆盖油棕树下的地面。这种植物的根部有结块，类似瘿瘤组织，里面长着与植物共生的根瘤菌。豆科植物为根瘤菌提供糖分和其他的矿物质，而作为交换，根瘤菌为它提供氮和氨基酸。将这些豆科植物与其他作物种在一起，可以为土壤提供丰富的氮（每公顷 40~50 公斤，此外，它还可以储存土壤的水分，避免土壤流失），因此无需使用化学肥料。这种方法在有机蔬菜种植中被广泛使用。在豆科植物的下面，土壤表面上卷曲的黏土堆证明了蚯蚓和微动物群的活动，这在大量使用杀虫剂和肥料的东南亚油棕种植园的土壤里是见不到的，或者很少见到。就这样，达维拉·达朋的企业逐渐摆脱了化学肥料（1989 年实现全部摆脱），于 1991 年获得了“有机”[①]称号。

---

① 这里需要指出的是，每个国家对获得纯天然种植认证的标准并不完全一样。

在能源方面，达朋集团制造了利用生物垃圾回收产生的沼气来进行发电的发电机，使农场实现了能源自足。我们在一位生物学家的陪同下穿过一片干燥的林区，这里曾进行过生物多样性统计。好几片森林和荆棘区被保护起来，每块面积都达几公顷，最大的一块达 19 公顷（加起来占特肯达马种植园 9% 的面积）。这里共观察到 65 种鸟类、9 种两栖动物、15 种爬行动物、14 种哺乳动物和多种昆虫。不得不承认，在周边地区都用于农业生产的情况下，这些林区成了各种生物的庇护所。我们唯一持保留意见的一点是，这些统计是建立在简单的观察基础上，而不是在不同季节定性、定期追踪的结果。但是，在我们访问时，达朋集团已经计划进行雨季生物多样性统计。

最后，在社会影响方面，与印度尼西亚和非洲中部多次被揭露的工作条件不同，我们遇到的每一位达朋员工都表示工作条件良好，这也与我在参观期间的所见是一致的。152 名员工，分别从事种植、收割、堆肥、幼苗培育和生物控制实验室工作，平均 1 个人负责 8 公顷土地——这个员工数量明显要高得多，因为传统种植园即非有机种植园是 1 个人负责 10 公顷土地，而且这里几乎没有分包，从事废水回收、施堆肥和绿色肥料的员工工资合理并且有社会保险。虽然受保护的生物走廊规模有限，但这种行为仍应受到称赞，达朋集团完全具备榜样的特征，得到了法国国际生态认证中心（Ecocert）和雨林联盟（Rainforest Alliançe）的认可。

但是，自 2010 年以来，达朋公司遭到了众多指责，导致有机护肤品企业美体小铺（The Body Shop）中断了与他们的供应合同，而美体小铺的 90% 的有机棕榈油都来自这里。这个被媒体大量报道的事件[①]起因于拉斯帕瓦斯（Las Pavas）的土地事件——在那里居住并耕作的 123 家农民的土地被强征。事情开始于 2009 年 7 月，哥伦比亚防暴警察使用武力将他们赶走，不给他们收割庄稼的时间。因为这片土地被一家棕榈油公司，确切地说，是被一家名为埃尔拉布拉多（El Labrador）的财团收购了，而达朋公司是该财团的大股东。非政府组织基督教救助会（Christian Aid）在进行了几个月的调查后认为，达朋公司负有责任，他们不可能对上述情况全然不知。布洛什南公司的迪耶戈·加西亚（Diego Garcia）在《快

①《美体小铺关于拉斯帕瓦斯的声明》(*The Body Shop Statement about Las Pavas*)，2010 年 9 月，参见 http://www.guradian.co.uk/business/2010/oct/03/body-shoppalm-oil-supplier，http://www.swr.de/report/-/id=233454/nid=233454/ did=5994910/1yidbpq/index.html；《基督教互助会呼吁全面移交“拉斯帕瓦斯”事件中的土地，并赔偿当地人民的损失》(*Christian Aid Calls for Full Devolution of the Land in the “Las Pavas” Case, along with Reparation for Damages Suffered by the Community*)，2010 年 7 月，参见 kolko.net/ downloads/CA_%20position_Las_Pavas.ENG.pdf。

报》(*L'Express*)上发表文章[1]，声称这纯粹是某些非政府组织的造谣中伤，他们还唆使拉斯帕瓦斯的农民们针对达朋集团，并且通过媒体在全世界范围内对此进行炒作。在调查报告公布之后，基督教救助会和美体小铺给了达朋两个月的时间来回应这些指责，并与被驱逐的农民进行协商。基督教救助会的凯西·布利（Cathy Bouley）告诉我，美体小铺解除了合同，是因为达朋公司反应迟缓。美体小铺在2010年9月的一份公告中承认，虽然达朋公司为解决这个复杂的情况作出了努力，但相对于美体小铺品牌的要求，达朋公司的努力显得不够。达朋公司并未否认其在拉斯帕尔马斯事件中的责任，在基督教救助会的调查报告公布几天之后，2010年7月28日，达朋公司在一份公告中表示，他们的财团已经停止在未能对环境进行各种保护的地方开展业务。达朋公司承认“错误来自双方：财团以及当地民众及其代表。作为财团的一员，我们希望能够承担我们在这件事中的责任”。[2]达朋公司表示将成立一个专门小组，负责确保在今后的土地收购和种植园发展过程中企业的理念得到遵守。达朋公司承诺每次在该领域开展新业

① 参见http://www.lexpress.fr/actualite/environnement/lepineuse-affaire-de-l-huile-de-palme-bio-colombienne_903090.html。

② 参见http://www.daabon.com/pavas/pdf/Stakeholder%20Letter-Pavas%20Report.pdf。

务时采用FPIC原则，即“实现自由意志与信息完整下的事前同意原则”（Free，Prior and Informed Consent），避免今后再像拉斯帕瓦斯事件那样与当地民众发生冲突。2011年5月，拉斯帕瓦斯的农民通过司法途径要回了自己的土地。[1]

那么，现在是否可以因此将我们柜台上的有机棕榈油下架？达朋事件反映了跨国集团及其股权结构复杂的子公司所面临的这个问题。消费者如何在复杂的股权架构中作出正确辨认？消费像棕榈油这样的原材料时又该根据什么作出选择？

2001年法国通过了一项法律条款，要求上市公司在年报中提供公司业务对环境和社会产生影响的相关信息。企业的社会“新”责任被定义为：从企业业务活动对社会和环境影响的角度，对于利益相关人员与组织（员工、附近居民、客户、当地政府、非政府组织等）所应承担的责任。此举值得称颂，特别是相对于企业在获取原材料时产生的环境、社会方面的丑闻。然而，这种企业社会责任只是建立在自愿的基础上，企业对此并没有法律义务，而且它也没有考虑到目前企业界的现实，即企业入股多家财团和子公司。自从“有机”“绿

---

① 参见http://www.christianaid.org.uk/whatwedo/eyewitness/americas/las-pavas-victory.aspx。

色”“环保”等概念席卷媒体和我们的日常生活以来，“漂绿”[①]的做法开始兴盛，而企业的社会责任成了“漂绿”的理想形式。

达朋事件说明了什么？有人认为非政府组织和媒体对于这样一个比其他棕榈油企业都要努力付出的企业过于苛刻，特别是考虑到达朋公司所在的国家，绝大部分油棕种植园的扩张都是在准军事组织、游击队和毒贩——他们因为棕榈油行业利润丰厚而转投过来——的支持下进行的。在哥伦比亚的棕榈油行业，谋杀、屠杀、失踪、绑架、折磨、骚扰非常常见。自 2000 年以来，这些犯罪活动显著增长，尤其是在西部乔科（Choco）省。哥伦比亚公开表示它的目标是成为美洲的农业燃料出口强国[②]，因此，为了获取棕榈油，人权被侵犯，同时森林被毁。

那么，在如此艰难的环境中，是否可以以达朋集团在马格达莱纳地区的油棕种植园中所作的努力为借口，对拉斯帕瓦斯农民的情况保持沉默？显然不能。如果因为这个企业表现出的楷模作用而不去指责它，就是在纵容其他的错误和对原则的背离。

① 漂绿（greenwashing）是一种市场营销方法，其关键在于将产品或者服务进行环保包装，尽管它们实际上并不是建立在环保原则的基础上。

② 参见 http://www.wrm.org.uy/bulletinfr/132/colombie.html。

圆桌会议的魔法与幻灭

面对来自消费者越来越大的压力，棕榈油生产和使用企业不得不改变自己的行为。因此，人们立刻想到了仿照森林管理委员会（FSC）的森林认证对棕榈油进行认证。2002 年，世界自然基金会、瑞士米诺丝公司（Migros）、马来西亚棕榈油局、奥胡斯联合公司（Aarhus Unites Ltd）和联合利华公司为圆桌会议的召开奠定了基础。

棕榈油可持续发展圆桌会议正式诞生于 2004 年 4 月 8 日，被认为可以在棕榈油开发的环境和社会方面为消费者作出保证。此举受到非政府组织和消费者的极大期待，从形式来看，确实值得称赞，但是，其原则和标准的执行却非常宽松，甚至含糊不清。

虽然像 FSC 认证那样，棕榈油可持续发展圆桌会议能够将棕榈油行业的所有参与者——银行、生产者、零售商、非政府组织——汇聚一堂，但实际上，参与者没有受到一视同仁的对待。原因很简单，每个成员每年必须得缴纳高达 2000

欧元的入门费（经营面积低于500公顷的小种植者，会费被减至500欧元），对于很多规模较小的非政府组织而言，这不是一笔小数目，而只有按时缴费的常任会员才能在大会上投票。圆桌会议的参与者被分为七类：棕榈油种植园即生产企业、棕榈油加工企业和贸易商、产品中使用棕榈油的企业、零售商、银行和投资者、环境非政府组织、社会与发展非政府组织。

如果对每一类成员的数量进行清点，我们就会注意到圆桌会议机制在辩论和作决策时表现出来的不公正。

确实，棕榈油生产企业有98个成员、棕榈油加工企业和贸易商207个、棕榈油使用企业192个、零售商37个，银行类有9个，而环境和社会方面的非政府组织成员分别只有17个和10个。

相对于企业和银行，被认为能够维护生物多样性、普通民众和工人利益的抗衡权力的分量，要弱20倍（即27票对527票）。我们理所当然地认为企业将首先尽力维护自己的利益，会投票支持最宽松的决策。此外，那些当地团体和小的非政府组织，就算它们付清了会费，它们的代表又如何能参加在世界各地举行的会议呢？所以，圆桌会议的运行是以严重的财务歧视为基础的。其实，最好按照企业的利润和营业额来收取会费，多余的部分用来支付当地代表的参会费用。然而，就像许连平教授指出的，这种失衡恰好反映了东南亚的实际情况，即无视环境和社会成本，只把棕榈油的发展看成是重中之重。

因此，棕榈油可持续发展圆桌会议的原则和认证标准显得过于宽松或者充满缺陷，每一方都可以按照自己的利益对其进行诠释。这种看法并不让人觉得意外。某些农业食品自2008年就开始标榜这种可持续发展棕榈油（如今已占棕榈油市场总额的7.5%），该如何看待这件事？它能为可持续发展、公正行为作出担保吗？很多非政府组织给出的答案是：不能！如地球之友组织，它指出圆桌会议的原则标准并不能消除将森林转化为油棕种植园的行为。虽然棕榈油可持续发展圆桌会议承认保护高保护价值森林的必要性，但在投票通过的共识中，次生森林和退化森林却被抛诸脑后。然而，科学家多次指出这些森林的重要性，虽然它们蕴含的资源不如高保护价值森林丰富，但无论是对于生物多样性还是减缓全球气候变暖，它们都有着极其重要的作用。通过美国赫拉克勒斯农场公司的行为，我们可以看出，一些对通过圆桌会议认证洋洋自得的公司，还是会毫不犹豫地砍伐高保护价值森林、不作任何影响评估研究就开始行动。虽然赫拉克勒斯农场公司被圆桌会议除名，但还是有一些公司成为漏网之鱼，如印度尼西亚的金光集团和春金集团。

最近还有一个隐患经常被提到，禁止将高保护价值森林用作他途是从2006年开始生效的，这也是该禁令被通过的那一年；于是，那些在2006年之前已经将森林砍伐和烧毁并建立了种植园的企业，如今还是可以通过棕榈油可持续发展圆桌会议的认证。最后，让人奇怪的是，在欧洲被禁止使用的有害神经的杀虫剂，如百草枯，在圆桌会议的标准和原则里却被允许使用！

即使这些原则和标准以后会变得更加严格、得到更好的控制，有一个问题仍然会存在：棕榈油的可追溯性。虽然对原木来源和运输过程的追溯很容易，哪怕它被锯成木板、被加工成地板或者变成了纸，但是，对棕榈油的追溯完全是另一回事。来自各处的产品在炼油厂和运输棕榈原油的船上被混在一起，我们无法进行追踪，而那些在当地致力于保护环境、尊重社会权益的种植者也因为这个原因完全无法被辨识。就算存在将不同棕榈油分开的情况（也就是说被认证的棕榈油从生产到最终装运都和其他棕榈油分开，因此是可追溯的），这种情况在被认证的7.5%的棕榈油中也属于极少数。另外，还有两种不同的追踪体系，一种被称为“物料平衡”（mass balance），即相关方在整个供应链中自始至终将可持续棕榈油与常规棕榈油掺杂在一起（这样可以避免分离出来的可持续发展棕榈油双重循环产生的成本），这么处理的前提是在供应链终端认证过的棕榈油的销售量与它一开始从生产者那里购买的量是一样的。如果说这种体系让工业家满意的话，那么，对于消费者而言，它存在着一个道德问题，即消费者买到的可持续棕榈油实际上根本就不是真的，或者里面只有极小一部分是真的，因为它被其他棕榈油，比如通过砍伐森林得到的棕榈油稀释了。另一种体系是证书交易（Book & Claim）或者绿色棕榈体系（Green Palm），该体系也适用于其他的原材料。它与产品的有形贸易完全分开，遵循可持续发展方法，比如棕榈油可持续发展圆桌会议原则和标准的生产者在证书交易体系中对其生产活动和相关的产量进行登记，并据此获得一个证书。这些证书通过证书交易体系平台被发售，棕榈油零售商和贸易商可以在线购买。他们通过购买证书来支持可持续棕榈油的生产（并不是销售这些棕榈油），并且可以在他们的产品上贴上“绿色棕榈”标签。这是一个可以让人买到“可持续”良知的好方法。你的产品来自那些建立在泥炭森林之上以及导致严重社会问题的油棕种植园，但你通过购买某些证书的方式资助了一个是棕榈油可持续发展圆桌会议成员的生产企业，因此你就可以在自己的产品上贴上一个美丽的“绿色可持续棕榈”标签！如果说圆桌会议过于宽容，存在多种缺陷的话，那么绿色棕榈的标签容易被误认为是“漂绿”行为，向单纯、迷失在标签丛林里的消费者作出担保，卖给他们那些参与了毁灭热带森林、损害当地人民权益的产品。

那么，是否应该就此否定所有的认证体系？虽然 FSC 认证体系不能称作完美，但从社会和环境角度来看，它对于保证森林的可持续性开发仍然具有足够的约束力和独立性。它的经验证明了类似这样的标签化提议是可行的。然而，只要棕榈油企业、非政府组织和当地代表不能在谈判中处于平等地位，只要通过认证体系的棕榈油和常规棕榈油不能在整个供应链中被分开以保障彻底的、令人满意的质量追溯，那么我们就还有很长的路要走（如果这个目标不算是纯粹的乌托邦的话）。如果上述条件不能被满足，那么对于供应链终端的消费者来说，可持续棕榈油根本不存在。

高碳储量森林：希望之光？

目前为止，法案、延期发放开垦许可证和其他修正案都没有对棕榈油企业家有所触动。在真正的可持续发展方面，保护森林、尊重原住民族权益都收效甚微，甚至没有成效。虽然这些举措值得称颂，但却因此促使鼓吹棕榈油的游说集团加大了对欧盟议会的压力。

有效且持续的解决方案应该来自棕榈油企业家本身，我听到过很多次这样的话，尤其是在2010年森林信托基金（TFT）在巴黎组织的一次圆桌会议上，主题是“负责任的棕榈油”。虽然前文曾提到的那些提议没有达到预期成果，但它们的好处是向企业发出了强烈的信号。透过非政府组织的多次请愿活动和行动（如2010年雀巢公司在洛桑召开股东大会时，绿色和平组织举行静坐，静坐者打扮成大猩猩，并且在会议大厅内打上横幅[①]），棕榈油企业发现消费者对大超市里出售的产品中的棕榈油来源以及它对森林的影响越来越敏感。有一些大企业（在反棕榈油宣传中首当其冲的那些企业）意识到可持续发展棕榈油圆桌会议的缺陷，同意与不同组织一道寻求既能保护森林又能继续种植油棕的途径。

2013 年 3 月 13 日，金光农业资源（GAR）及其子公司斯玛特公司在森林信托基金和绿色和平组织的协助下启动了一个试点项目，旨在实现一种“零森林破坏印记”（no deforestation footprint）的棕榈油。这个试点项目在西加里曼丹省的一家种植园——KPC 公司进行。这个项目源于 2011 年公布的一份关于高碳储量森林（HCSF, high carbon stock forests）的详细报告。

如何看待这个创举？它会是可持续棕榈油这个棘手问题的一个出路，还是经济与环保相互利益的真正妥协？

该提议的第一步在于确定森林的类型，并将其按照碳储量进行分类。这样一来，我们立刻就意识到延期发放开垦许可证和其他 REDD+ 机制范围内的高生物多样性森林面临的危险，还可以对生物多样性本身、原住民对这些森林的所有权或者当地民众对森林的利用有所认识。这个试点项目涉及

① 参见http://www.greenpeace.org/international/en/news/features/Activists-drop-in-to-Nestle-shareholder-metting。

的企业明确表示它们今后不会再在高保护价值森林所在的地区、沼泽森林——不管泥炭层有多厚——和高碳储量森林上发展种植园。此项目将尊重原住民族和当地人在自由的环境中和充分获得信息后才作决定的原则，尊重法律以及现行认证体系的原则和标准。

那么，零碳印记棕榈油，到底只是美好的愿望，还是会成为现实？

虽然要对这个项目的质量作出评判，只能在接下来的几个月和几年里对它进行细致、独立的追踪，但是，我们还是应该特别注意 2012 年发表的这份报告里提到的几个重点。报告强调了高碳储量森林的再生和几个关键的准则，如被保护林区的规模，在不同林区之间建立保障物种来往和混合遗传的通道。这种措施的主要目标之一就是使这些免于遭受各种新开发的森林区域能够恢复它们的生态系统功能。①

至于这个项目对于逃脱棕榈油扩张的森林以及整体上对棕榈油行业的真正影响，目前进行评判还为时过早。森林消耗量最大的企业之一从此变成了好学生，这不免引人瞩目，

---

①《高碳储量森林研究报告：定义并确定要进行保护的高碳储量林区》（*High Carbon Stock Forest Study Report:Defining and Identifying High Carbon Stock Forest Areas for Possible Conservation*），2012 年 6 月由金色农业资源公司（Golden Agri-Resources）、斯玛特公司（Smart）与森林信托基金会（The Forest Trust）、绿色和平组织（Greenpeace）联合发布。

尤其是我们熟知这些大企业善于“漂绿”。然而，如果存在解决之道，也是这些大企业能够从中看到好处并受益的。十几年前，消费者对棕榈油和与之相关的破坏森林问题不太关注，或者极少在意，但是，如今情况发生了彻底的变化。我们可以说，就像合法的、经过认证的木材那样，面对消费者越来越多的指责，棕榈油企业出于经济利益需要，今后将会致力于建立一个真正的可持续发展的行业。

总结

在不到两个世纪的时间里，棕榈油和棕榈仁油就占领了市场和我们的日常生活：从肥皂到有机食品、农业燃料——对此有多种叫法——还有大部分工业食品。与其他热带作物相比，油棕一年四季结果，并且产量巨大，而油棕种植园的工作量比橡胶小，所以谁能抵挡住油棕的经济“魅力”呢？由于它自身的特性（稳定的油脂、几乎不会产生异味）和易于种植，油棕迅速发展到东南亚，尤其得到了亚洲发展银行、世界银行、国际货币基金组织和其他各种银行以发展项目名义给予的支持。通过油棕种植来消除贫困，看起来是一个非常吸引人的想法。

然而，油棕不仅未能解决热带地区的贫困问题，反而在某种程度上加剧了最贫困人口的贫困化，在其所到之处造成了对当地人民最基本权益的侵犯，如工作权益。诱人的油棕还有另外一个受害者——生物多样性和森林生态系统。尽管有废弃的农业用地可以被利用，但是，将森林变成种植园更加有利可图。这种做法导致的后果极其严重，马来西亚和印度尼西亚的森林砍伐率达到了空前的高度。为了眼前的利益，作为巨大的碳存储地的森林灰飞烟灭，很大程度上加剧了全球气候变暖。为了给被快餐店、汉堡和其他快餐充斥的西方国家提供廉价的棕榈油，泥炭森林上建起了种植园。棕榈油与高果糖玉米糖浆一起导致了蔓延至全球的肥胖症。近年来，棕榈油还通过为汽车、飞机提供燃料找到了一个新出路，即成为代替石油的绿色选择。但是，它一点也不环保。某些企业，如空中客车，拒绝使用棕榈油燃料，而是选择开发能耗较低的发动机和新一代的农业燃料，这种燃料不会对食品农业造成竞争。

面对越来越强烈的抗议和忧虑，国际机构、政治组织和工业组织寻找了一些解决之道，一方面为了限制砍伐森林及其导致的全球气候变暖的发展，另一方面是为了限制这种大面积单一化种植带来的社会影响。REDD+ 机制发起于 2008 年，是一个跨国性的创举，为了减少发展中国家毁林和森林退化造成的排放。该机制旨在提升森林的经济价值，使保护森林比毁坏森林更加“有利可图”。实施保护森林国家战略的国家会得到财政援助。印度尼西亚政府正是因为实施了这个 REDD+ 机制，才实行了延缓颁发开垦许可证制度，禁止在泥炭森林上新建种植园。研究人员、非政府组织皆对此计划感到高兴，因为就像苏黎世大学的生物学家许连平所说的，这就好比森林保护事业一下子拥有了一大笔财富来实施有效的保护政策，保护那些丰富、重要的生态系统。

然而，很快，该机制的复杂性和缺陷就显现出来了。REDD+ 机制只能是一个短期的解决方案，它的建立是为了激励工业国家减少碳排放并改进碳汇技术，最多坚持五到六年。那么，这个期限之后会发生什么事呢？自这个机制创立以来，短短的几年时间就告诉我们，这个机制的创立不仅没有在发达国家催生真正的减排政策，而且受到 REDD+ 资助的国家也歪曲了该机制的本质。它成了一个环保敲诈工具，我们可以拿印度尼西亚为例。延期发放泥炭森林开垦许可证始于 REDD+ 被创立之前，自从 REDD+ 不再是一个简单的构思，而是成为一个正在发展的项目后，印度尼西亚总统就取消了延期发放开垦许可证，为了按照 REDD+ 机制的规定从它那里获得相应的补偿款。印度尼西亚政府的这种卑劣行为远不止于此，因为尽管颁发了暂缓开垦的禁令，并且采取行动来换取 REDD+ 的资助，一些泥炭森林还是被夷为平地，用于种植油棕。此外，REDD+ 机制按照碳汇价值来计算补偿，这也让人担心，因为森林消失越严重，它的碳储量减少就会加剧，于是物以稀为贵。由此，该机制很容易变质，即一个国家减少森林面积是有好处的，可以抬高剩余森林的价值，进而可以通过 REDD+ 获得更多的保护资金。

REDD+ 机制的失败、几乎完全受工业控制的认证体系的缺陷、腐败、恐吓、滥用职权，如此等等，目前似乎没有什么能将棕榈油行业从衰落中拯救出来，这个行业受到健康问题的影响。这些问题与消费棕榈油本身没有关系，而是在于过度摄入，并且它们也不是最近才出现的。美国早在 20 世纪

80 年代就有广告宣传，提醒人们警惕棕榈油带来的危险，之后迫于当局和工业宣传的压力，这种提醒只能保持噤声。

我们是否应该、是否能够继续发展棕榈油产品，并且因此加入毁灭热带森林和生活的活动中、支持当地人民的权益被践踏？首先，我们应该强烈要求欧洲议会进行相关立法，要求商品成分标签更加精确，明确商品中所含的棕榈油（及其比例）和它的衍生品。其次，我们应当继续对政府和企业施压，特别是通过非政府组织和消费行为的选择，目的是只要棕榈油在环境和社会方面不是按照可持续方式生产，我们就将它从我们的消费品中排除。按照目前的情况来看，这个目标过于理想化，但它也不是不可能实现的。棕榈油这种植物油与其他植物油脂一样，有着很多优点（前提是被合理消费），可以成为一个真正的发展工具，因此，我并没想过将它完全禁止。但是，只要企业无法清楚地向我们保证他们没有参与破坏森林，比如他们是利用荒废的农业用地种植油棕，我们就不同意消费棕榈油。此外，面对令人忧心的肥胖症——它不仅涉及贫困人群，而且越来越多的儿童从小就开始受其困扰，限制棕榈油在食品中的使用也成为公共健康的当务之急，哪怕这会引起棕榈油企业家的不快。

棕榈油已经成为 21 世纪的一大隐患。棕榈油生产已经趋于过量和追求短期利润，对社会、环境和健康造成了无法弥补的损失。面对这些情况，棕榈油生产国大多受到各级政府腐败的困扰，因此，进口国的政府和消费者应该对工业家施加压力使得这些行为不再发生。尽管有利于经济发展，尽管也值得称道，但绝不能证明这些行为合法，绝不能以不公正和破坏为基础。应当尽快改变棕榈油的生产模式，落实可持续发展，停止生产那些徒有虚名、经不起任何推敲的可持续棕榈油。

致谢

这本书就像矗立在我面前的亚当山，通体白色，高达3743米，在我写下这些文字时，我从没想过要成功登顶。我很容易就能想象出征服它众多的小峭壁、山脊、高坡，最后到达顶峰，需要付出多大的艰辛，就像我潜心研究油棕数年后，为本书画上了句号。登山和写书需要的努力是一样的，也都是漫长的，尤其是它们都离不开众人的帮助。在此，特别感谢：

加藤由美、许连平、拉法埃尔·谢菲尔德、多米尼克·爱讷甘、鲍里斯·帕腾特里格、埃莱娜·克伦格、卡洛斯·帕诺米诺、弗兰兹-卡斯东·弗洛雷斯和卡约（卡洛斯-费尔南德兹-鲁埃达）、伊莎贝尔-阿莱克斯桑德拉·里可、约埃尔·勒维尔、樊尚·里尤、玛蒂娜·拉维尔、保罗·朗戴。此外，还要特别感谢菲利普·古尔丹，他经常为我提供最新的关于棕榈油的刊物，极大地丰富了我的参考文献。感谢巴斯蒂安·撒什埃与我进行了多次极有意义的讨论并再次阅读我的手稿。

这个漫长“探险”的最后阶段离不开我的编辑罗纳尔多·布朗登对我宝贵的信任，还有西里尔·罗索对我的不懈支持，他忍受了我多次的心情反复无常和灰心丧气。最后，非常感谢梅什迪尔德·默茨在他美丽的木町屋里接待了我，并且陪我度过本书写作的最后阶段，我们经常捧着茶碗侃侃而谈。在为这个漫长的工作收尾之际，每天早上都能在东京皇宫花园里盛开的梅花的氤氲中汲取到一点灵感和能量。面对这么美好的环境，夫复何求？

绿色发展通识丛书 · 书目

GENERAL BOOKS OF GREEN DEVELOPMENT

01 **巴黎气候协定 30 问**

［法］帕斯卡尔·坎芬　彼得·史泰姆／著
王瑶琴／译

02 **大规模适应**
气候、资本与灾害

［法］罗曼·菲力／著
王茜／译

03 **倒计时开始了吗**

［法］阿尔贝·雅卡尔／著
田晶／译

04 **古今气候启示录**

［法］雷蒙德·沃森内／著
方友忠／译

05 **国际气候谈判 20 年**

［法］斯特凡·艾库特　艾米·达昂／著
何亚婧　盛霜／译

06 **化石文明的黄昏**

［法］热纳维埃芙·菲罗纳-克洛泽／著
叶蔚林／译

07 **环境教育实用指南**

［法］耶维·布鲁格诺／著
周晨欣／译

08 **节制带来幸福**

［法］皮埃尔·哈比／著
唐蜜／译

09 **看不见的绿色革命**

[法] 弗洛朗·奥噶尼尔　多米尼克·鲁塞 / 著
黄黎娜 / 译

10 **马赛的城市生态实践**

[法] 巴布蒂斯·拉纳斯佩兹 / 著
刘姮序 / 译

11 **明天气候 15 问**

[法] 让-茹泽尔　奥利维尔·努瓦亚 / 著
沈玉龙 / 译

12 **内分泌干扰素**
看不见的生命威胁

[法] 玛丽恩·约伯特　弗朗索瓦·维耶莱特 / 著
李圣云 / 译

13 **能源大战**

[法] 让·玛丽·舍瓦利耶 / 著
杨挺 / 译

14 **气候地图**

[法] 弗朗索瓦-马理·布雷翁　吉勒·吕诺 / 著
李锋 / 译

15 **气候闹剧**

[法] 奥利维尔·波斯特尔-维纳 / 著
李冬冬 / 译

16 **气候在变化，那么社会呢**

[法] 弗洛伦斯·鲁道夫 / 著
顾元芬 / 译

17 **让沙漠溢出水的人**

[法] 阿兰·加歇 / 著
宋新宇 / 译

18 **认识能源**

[法] 卡特琳娜·让戴尔　雷米·莫斯利 / 著
雷晨宇 / 译

19 **认识水**

[法] 阿加特·厄曾　卡特琳娜·让戴尔　雷米·莫斯利 / 著
王思航　李锋 / 译

20 **如果鲸鱼之歌成为绝唱**

［法］让-皮埃尔·西尔维斯特／著
盛霜／译

21 **如何解决能源过渡的金融难题**

［法］阿兰·格兰德让　米黑耶·马提尼／著
叶蔚林／译

22 **生物多样性的一次次危机**
生物危机的五大历史历程
［法］帕特里克·德·维沃／著
吴博／译

23 **实用生态学（第七版）**

［法］弗朗索瓦·拉玛德／著
蔡婷玉／译

24 **食物绝境**

［法］尼古拉·于洛　法国生态监督委员会　卡丽娜·卢·马蒂尼翁／著
赵飒／译

25 **食物主权与生态女性主义**
范达娜·席娃访谈录
［法］李欧内·阿斯特鲁克／著
王存苗／译

26 **世界能源地图**

［法］伯特兰·巴雷　贝尔纳黛特·美莱娜-舒马克／著
李锋／译

27 **世界有意义吗**

［法］让-马利·贝尔特　皮埃尔·哈比／著
薛静密／译

28 **世界在我们手中**
各国可持续发展状况环球之旅
［法］马克·吉罗　西尔万·德拉韦尔涅／著
刘雯雯／译

29 **泰坦尼克号症候群**

［法］尼古拉·于洛／著
吴博／译

30 **温室效应与气候变化**

［法］斯凡特·阿伦乌尼斯　等／著
张铱／译

31 **我如何向女儿解释气候变化**

［法］让-马克·冉科维奇 / 著
郑园园 / 译

32 **向人类讲解经济**
一只昆虫的视角
［法］艾曼纽·德拉诺瓦 / 著
王旻 / 译

33 **应该害怕纳米吗**

［法］弗朗斯琳娜·玛拉诺 / 著
吴博 / 译

34 **永续经济**
走出新经济革命的迷失
［法］艾曼纽·德拉诺瓦 / 著
胡瑜 / 译

35 **勇敢行动**
全球气候治理的行动方案
［法］尼古拉·于洛 / 著
田晶 / 译

36 **与狼共栖**
人与动物的外交模式
［法］巴蒂斯特·莫里佐 / 著
赵冉 / 译

37 **正视生态伦理**
改变我们现有的生活模式
［法］科琳娜·佩吕雄 / 著
刘卉 / 译

38 **重返生态农业**

［法］皮埃尔·哈比 / 著
忻应嗣 / 译

39 **棕榈油的谎言与真相**

［法］艾玛纽埃尔·格伦德曼 / 著
张黎 / 译

40 **走出化石时代**
低碳变革就在眼前
［法］马克西姆·孔布 / 著
韩珠萍 / 译